ネオニコチノイド
静かな化学物質汚染

平 久美子

岩波ブックレット No. 1102

はじめに

本書で問題にするネオニコチノイド系殺虫剤（以下、ネオニコチノイド）は、１９９０年代に登場した農薬の一種である。同時期にフェニルピラゾール系殺虫剤のフィプロニルも市場に導入され、あわせて浸透性殺虫剤と呼ばれた。

それまで、農薬用の殺虫剤として主に使用されていたのは有機リン系殺虫剤だった。１９５０年代から使われていたが、第二次世界大戦中にドイツで開発された生物兵器のサリンと同じように、神経に作用して縮瞳やけいれん、呼吸困難を引き起こし、ヒトが誤って飲めば死に至る危ないものだった。また、使っているうちに、肝心の駆除したい害虫には効かなくなるという抵抗性の問題を抱えていた。その前の世代、１９３０年代に開発された有機塩素系殺虫剤は、人類史上初めての化学合成殺虫剤だったが、世界的に生態系への影響と残留性が問題視され、日本では１９７０年代から規制が始まり、１９８０年代にはＰＯＰｓ（ポップス）（Persistent Organic Pollutants, 残留性有機汚染物質）として製造使用が禁止になっていた。

そこへやってきたのがネオニコチノイドとフィプロニルである。いずれも植物体内に浸透するので浸透性殺虫剤という。１回散布すれば殺虫効果が長期間持続し、使う人に中毒の心配は少ない。有機塩素系殺虫剤ほど分解は遅くない（残留しにくい）。発売当時としては、まさに夢のような製品で、やや高価ではあるものの瞬く間に先進国を中心に世界中に広まった。やがてゴルフ場の芝や家庭園芸、シロアリ駆除、松枯れ対策、ペットのノミ取りなどにも使われるようになった。

しかし、発売から時間が経つにつれ、その安全性に疑問を投げかける声が強まった。とにかく効きすぎるのだ。たとえば、欧州でトウモロコシの種にまぶして機械で畑に撒(ま)くと、周辺のミツバチをはじめとする授粉昆虫、周囲をうっとうしいぐらい高密度で飛行していたガやトンボの類が激減し、その変化は年々加速した。日本でも、育苗箱で育てた田植え前の稲の苗に、施用してから田植えをすると、穂が出るまで虫害を防ぐことができたが、アキアカネ(赤とんぼ)も同時に激減した。幼虫であるヤゴが水田に生息するため、当初から関連が疑われた。稲穂にたかるカメムシ防除のため、田んぼへの散布を始めると、周辺のミツバチをはじめとするありとあらゆる昆虫があっという間に姿を消し、養蜂家から悲痛な声が上がった。

なぜ、効きすぎるのか。それには、これらの物質の特異な性質が関係する。そのせいで、ごく低い濃度でも時間が経てば死に至らしめる。たとえば虫は、即死する濃度のたった1万分の1の濃度でも、数日間さらされれば死んでしまう。生態系の許容度は、発売当初に考えられたよりもはるかに低かった。

フェニルピラゾール系殺虫剤のフィプロニルは、かつての有機塩素系殺虫剤と同様、脂肪に蓄積し生物濃縮することから警戒感が高まり、欧州では使用禁止、日本でもゴキブリ駆除とペットのノミ取りに、と使用がほぼ限られている。一方、ネオニコチノイドは水溶性であることから国も学者も楽観的だった。しかし、この水溶性こそが、広範な生態系被害をおこす要因だった。

雨の多い日本では、土壌への残留は一見問題にならない。しかし、水中でなかなか分解されず長期間存在するため、繰り返し使うことで河川や湖沼、地下水の濃度は徐々に上がっていく。いったん「汚染」が完成してしまえば、そこから脱け出すのは容易ではない。

ヒトにも例外ではなかった。2004年には、空中散布に伴う中毒の事例が見出された。ところが散布後の気中濃度から推測された摂取量は、間違って飲んで中毒をおこす量よりはるかに少なかった。農薬メーカー側の研究者は、この程度の濃度で健康障害がおきるはずはないと主張した。加えて開発に携わった研究者自身が、水溶性であるためすぐに体外に排泄され、哺乳類では脳に移行しない、胎盤から胎児に移行しない、そもそも哺乳類への作用は非常に弱く問題にならない、と信じこんでいた。行政担当者や農家、そして一部の毒性学者もそういうものか、とこの主張を無批判に受け入れた。

その認識の誤りを指摘し、ネオニコチノイドが瞬時にヒトの脳に移行し、胎盤を通り抜け、暴露が長引けば体内濃度が上昇し、神経作用に影響をおよぼすものであることを、長い年月をかけてコツコツと証明していったのは、人体への影響を目の当たりにした日本の市井の医師と研究者だった。やがて文部科学省の研究費が投入され、国際的にも研究の輪が広がって、2004年には全世界でも100編に満たなかったネオニコチノイドに関する英語の医学論文は、2024年には7000編を超えた。その間、農薬メーカーは、国が認可した農薬として、ただつくり、売り続けた。

ネオニコチノイドのように、水中のPOPsとも呼ぶべき特徴をもち、便利ではあるが効きすぎる農薬をどのように規制していくのがよいか、学問的な議論は始まったばかりである。毒性は量のみで決まるという、現行の農薬登録制度の考え方では、安全は確保できない。世界的政情不安の中、食料輸入をかろうじて維持している日本において、輸入に制限を加えることになる残留基準値（各作物の出荷時に許される残留濃度の上限）の切り下げは歓迎されないだろう。かといって、今のまま国が認可した残留基準値を言い訳に、みんなが使えば総倒れ。日本の生態系とヒトは、さらに困難な状況に追い込まれるだろう。徐々に温度が上がっていく風呂に入れられ熱がっているカエルに、このくらいの温度ならまだ死なない、と励ましているのが今の農薬リスクコミュニケーション専門家だ。

実は、先進国の中で最も対応が遅れているのが日本である。他国は行政担当者が科学論文を読み解き、政策決定を促進し、規制を強めている。化学合成農薬の全面（！）使用禁止について、国民投票を行ったスイスのような国もある（残念ながら39対61で負けたのだが）。日本では長年、国が農薬メーカーと二人三脚で農業を主導してきた。国はその慣例から抜け出せず、身動きがとれない状態に陥っているようにみえる。

そんな状況下で、いったい何ができるか。まずは、この農薬の来歴と使用状況をまとめ（第1章）、次に生態系とヒトにどのような影響が出ているかを示し（第2・3章）、環境および人体汚染の実態（第4章）、規制の現状（第5章）を述べ、最後に、この状況から脱出する方法について議論する（第6章）。

本書では、11種をネオニコチノイドとして取り上げる。それぞれ聞きなれない物質名で、さらにはいくつもの商品名がある。表1にまとめたので、本書を読み進める際の助けにしてほしい。

作用機構分類でカテゴリー4の殺虫剤

商品名(2024年8月28日現在登録分)	他の配合殺虫成分
アドマイヤー・ブルースカイ・ガウチョ・タフバリア セルオー・タフスティンガー・タフバリアDX ワークワイド・ガードナー アドマイヤープラス ビーラムプラス	なし フルベンジアミド スピノサド エチプロール フルオピラム
モスピラン・イールダー・マツグリーン・ダイリーグ・カダンパワーガード アベイル	なし シアントラニプロール
ベストガード	なし
バリアード・エコワン・エコファイター	なし
アクタラ・クルーザー・ビートルコップ・カダンスプレーEX・アトラック リーズン ジュリボ ツインアタック・ミネクトデュオ アクタラフォース	なし ルフェヌロン クロラントラニプロール シアントラニプロール テフルトリン
フルスウィング・ダントツ・モリエート・ベニカ・ワンリード・ガーデンアシストV・ナイスパートナー・ネキリスター オルトランDX ベニカケムシ・ベニカJ・カイガラムシエアゾール フルスウィングW・バウンスバックWDG ワンリードSP・ボクシーDS・ベジリード ネマトリンパワーD・ダブルバスター	なし アセフェート フェンプロパトリン カルタップ スピネトラム ホスチアゼート
スタークル・アルバリン・わさび用緑風・キックオフ・スターガード・アトラクトン・スターダム・スケルカット・スケルノック・オールスター・ウッドスター・ウッドセーバー・ファームスター スタークルトレボン・トレボンスター・スタートレボン アプロードスタークル キックオフ・フェルテラスタークル	なし エトフェンプロックス ブプロフェジン クロラントラニプロール
シバント	なし
トランスフォーム・エクシード・ビレスコ	なし
ゼクサロン・ペキサロン・ルミスパンスFS フェルテラゼクサロン ゼクサロンパディート ビームパラタスEV	なし クロラントラニプロール シアントラニプロール スピネトラム
リディア・エミリア	なし

表 1　広義のネオニコチノイド．IRAC の

登録年	物質名	系	開発者
1992	イミダクロプリド	ネオニコチノイド	バイエル
1995	アセタミプリド	ネオニコチノイド	日本曹達
1995	ニテンピラム	ネオニコチノイド	住友化学
2001	チアクロプリド	ネオニコチノイド	バイエル
2001	チアメトキサム	ネオニコチノイド	シンジェンタ
2001	クロチアニジン	ネオニコチノイド	住友化学
2002	ジノテフラン	ネオニコチノイド	三井化学
2015	フルピラジフロン	ブテノリド	バイエル
2017	スルホキサフロル	スルホキシイミン	ダウ
2018	トリフルメゾピリム	メソイオン	デュポン
2019	フルピリミン	ピリジリデン	Meiji Seika

第1章　日本人がつくったネオニコチノイド

2000年代以降の大量使用

ネオニコチノイドは、昆虫の脳にあるニコチン性アセチルコリン受容体（ニコチン受容体）に作用することで、害虫を殺すことを目的とした農薬である（「ニコチン受容体」については本章コラム参照）。日本では、1990年代前半から使われ始め、2000年から07年にかけて出荷量が倍増、その後、横ばいで推移している[1]（図1）。

ネオニコチノイドには、さまざまな種類が存在する（表1）。まず、イミダクロプリド（商品名アドマイヤー）が、1993年に箱粒剤（稲の箱処理用）、粒剤（水田に散布、キュウリ、ナス、ダイコン栽培時の土壌に混和）、水和剤（リンゴ、ブドウ、バレイショ、ナスに水で希釈し散布）、粉剤（水田に散布）として出荷が始まった[2]。箱処理とは、育苗箱中の土にイネの種を播いて苗を育て、田に植える前に育苗箱の上から製品を均等に撒いて、苗全体にネオニコチノイドをしみこませる作業のことである。これを行うと、田植えから穂が出るまで殺虫効果が持続し、その間、殺虫剤の散布のために田んぼに行かなくてすむようになり、高齢や兼業の農家に歓迎された。粒剤は、土壌に混ぜ込むと、根から吸収され葉や実に浸透してとどまり、虫がかじると死んでしまうため、野菜栽培につきものの虫害が、実が成るまでなくなった。水和剤は、水で希釈して散布すると、葉や実の表

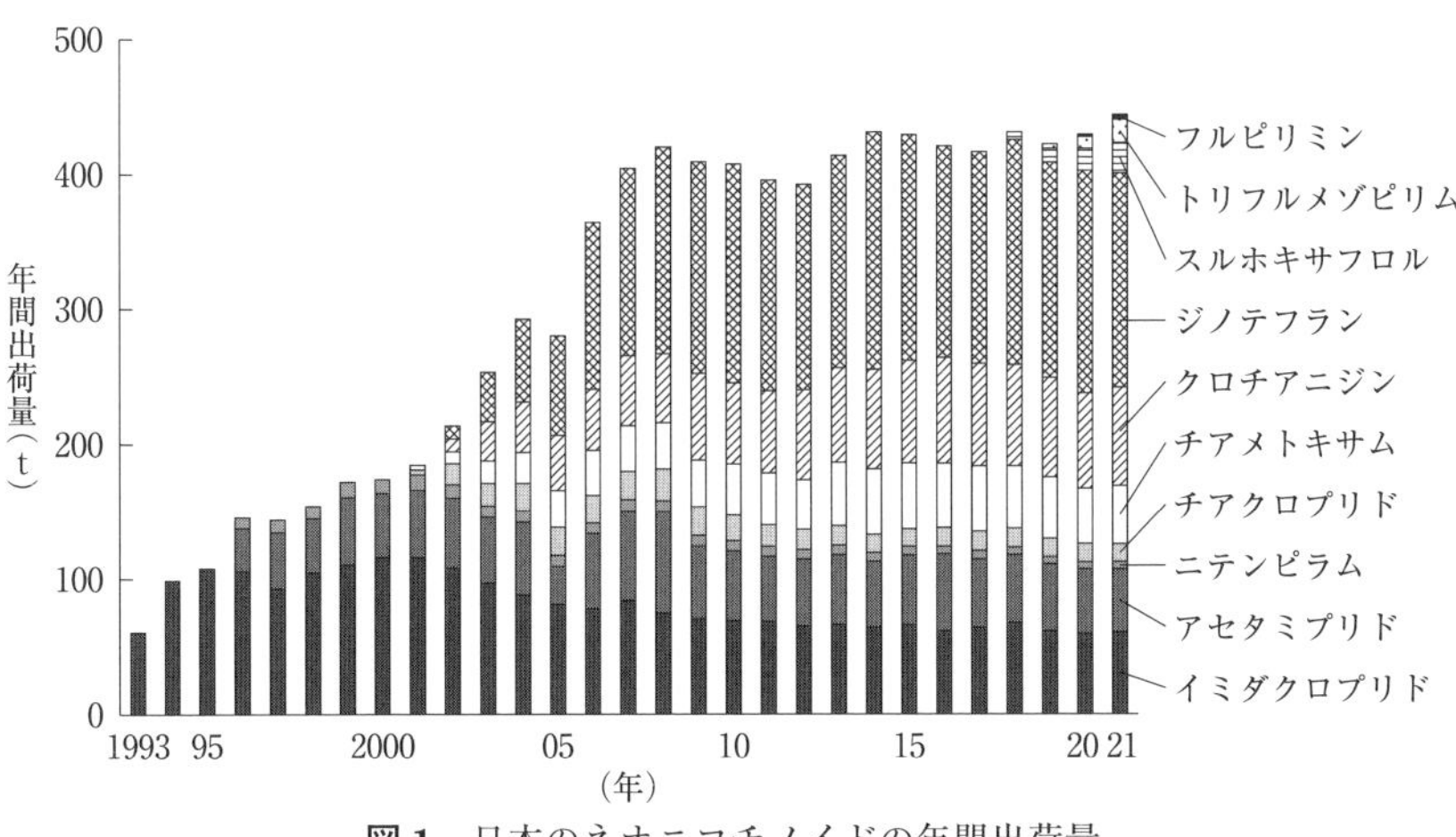

図１　日本のネオニコチノイドの年間出荷量

面から奥深く浸透して、それまで毎日のように散布しないと効果が得られなかった有機リン系などの殺虫剤と異なり、収穫まで数回の散布でぴかぴかの野菜や果物が収穫できるようになった。

次いで１９９６農薬年度（前年10月から同年9月）にアセタミプリド（商品名モスピラン）、ニテンピラム（同ベストガード）、２００１農薬年度にチアメトキサム（同アクタラ）、チアクロプリド（同バリアード）、２００２農薬年度にクロチアニジン（同フルスウィング、ダントツ）、ジノテフラン（同スタークル、アルバリン）の出荷が開始された（図２・表１）。

日本で最も多く使われてきたのは、ジノテフランで、主な用途は水田でのカメムシ防除である。イネの出穂期（茎から籾の集合体である穂が出る8月頃）に、カメムシが口で籾殻を刺して吸うと、玄米が部分的に黒く変色し斑点米となる。流通業者が農家から水稲うるち玄米を買い取る際に、斑点米など着色粒の割合が０・１％を超えると等級が下がり価格が下がる。そのため、

図２　ネオニコチノイドのさまざまな商品.『現代農業』2017年6月号より

農薬販売業者およびコメの買取業者により推奨され、大量に使用されることになった。斑点米自体は、大手の事業者であれば色彩選別機を使って自動的に全部取り除くことができるので消費者にはわからない。出荷時の真っ白なコメが、生産者の品質についてのプライドの象徴となっていることを逆手にとった販売戦略だった。

姿を消す生きものたち

島根県では、１９９３年に初めてイミダクロプリド（商品名アドマイヤー）１２０kgが使用された。１９９３年以降、宍道湖では、バイオマス（動物性プランクトンの総量）が顕著に減少し、ワカサギ、シラウオ、ウナギの漁獲量が激減した。当初、水温上昇が主な原因とされたが、その後も動物性プランクトンは波があるものの減少が持続した。

シラウオ、ウナギの漁獲量が1993年以前の最盛期の半分くらいに持ち直した年もあるものの、ワカサギの漁獲量の回復はまったくみられない。もともと宍道湖のワカサギの餌は、キスイヒゲナガミジンコ1種でほぼ占められていたが、それが1993年に絶滅したと伝えられている[3]。

熊本県では2003年にミカン農家がクロチアニジン(商品名ダントツ)を散布したところ、ミツバチが大量死し、以後、ミツバチの大量死が全国的にみられるようになった。2005年には岩手県の内部と沿岸地域でイネのカメムシ防除のための散布後に、2008年には北海道で6月と7～8月の散布後に、2009年には神奈川県三浦半島で散布後に、ミツバチがいなくなった。長崎県の養蜂家によれば、2008年の散布後にミツバチがいなくなり、2010年春には、他の虫もほとんどみかけなくなり、2011年にはイエバエやカすらいなくなって、魚も姿を消し、2012年には渡り鳥もみかけなくなったという[4]。

秋田県の大潟(おおがた)村では、2006年7月末から8月に、カメムシ防除に使う殺虫剤を、それまでのピレスロイド系殺虫剤(除虫菊の花の乾燥物から得られたものを基本とする)のエトフェンプロックスからジノテフラン(商品名スタークル)に変更した。隣接する男鹿(おが)半島の有機農家によれば、その直後から虫がいなくなった。

欧州では、1990年から2000年の10年間に、昆虫生息数がより急激に減少し始め、それは西欧から東欧と南欧におよんだ。郊外を車で運転していると、フロントガラスに当たって飛び散ったり、ラジエーターで押し潰されたりする昆虫の数が明らかに減り、チョウが減少し、ミツバチが減った。さらに、さまざまな種・属・科の昆虫が大規模に衰退し、これまでどこにでもい

ると考えられてきたツバメやムクドリなどの食虫鳥類も、同時に著しく減少した。(5)

立ち上がる科学者たち

このような異常事態を、養蜂業や有機農業に携わる人たちはもちろん、日々、自然の移ろいを詳細に観察することに学問的な喜びを見出している学者たちが、見過ごすはずはなかった。２００９年にフランスの小村ノートルダム＝ド＝ロンドルに、欧州の昆虫学者と鳥類学者の総勢４名が集まり、議論を行った。１９５０年代以降、確かに昆虫は減り始めた。自然生息環境の消失と、殺虫剤や除草剤の大量使用を伴う農業の集約化、道路や車両交通のさまざまな発達、および欧州大陸全体におよぶ夜間の光害や窒素沈着などが、この現象の根本的な原因と思われた。しかし、それだけでは説明のつかない、新しい何かが１９９０年以降におきたと考えられた。４名は、この分野における既存の研究や観察報告、そして圧倒的な状況証拠にもとづき、１９９０年代初期に使用が始まった新しい殺虫剤、ネオニコチノイドとフィプロニルが、部分的にせよ関与しているのではないか、という結論に達した。フィプロニルは、ニコチン受容体には作用しないが、ネオニコチノイドと同じく神経の興奮を引き起こす。

彼らの呼びかけにより、ネオニコチノイドやフィプロニルの生態系影響と健康影響に関する科学論文執筆の実績がある４大陸15カ国以上の学者たちが集まり、浸透性殺虫剤タスクフォース（ＴＦＳＰ）を立ち上げて、意見交換を行うようになった。彼らはいずれも、農薬メーカーから研究資金提供を受けていない、いわば中立的立場にある。

２０１２年に韓国済州島で開かれた国際自然保護連合の総会で、同連合は、種の保存委員会と生態系管理委員会のもと、ＴＦＳＰが生物多様性に関する浸透性殺虫剤の影響について、統括的、客観的、かつ科学的に論文を見直し評価すること、そして、その結果にもとづき、危機管理の手続きの観点から、政府の新しい農薬の認可、その他政策決定者や政策立案者、および一般社会の注意をうながすべきあらゆる問題について、必要な勧告を行うことを歓迎するとした。そして、その成果は「浸透性殺虫剤の生物多様性と生態系への影響に関する世界的な統合評価書」の初版として２０１４年に出版された。日本語訳は、２０１５年に筆者らによりつくられ、ホームページ上に公開された[5]。

時を同じくして欧州委員会は、ネオニコチノイドのうちクロチアニジン、イミダクロプリド、チアメトキサムの暫定的使用中止を決定した。フィプロニルについては、それに先立つこと２０１３年、農薬としての使用を、２０１４年にはすべての用途での使用を禁止している。

フィプロニルは、日本では、２０２４年７月時点で農薬登録は継続し、ゴキブリやスズメバチ、ペットのノミ取りに使われている。

さらにＴＦＳＰは、２０１７年には初版執筆以降に出版された数百の査読付き論文を追加検討し、「浸透性殺虫剤の生物多様性と生態系への影響に関する世界的な統合評価書」更新版が出版された。そして２０１８年、欧州委員会は、クロチアニジン、イミダクロプリド、チアメトキサムの、ハウスを除く屋外での全面的使用禁止を賛成多数で可決した。同更新版の日本語訳は２０１９年に作成され、同じくホームページ上に公開された[6]。

日本では、2004年に群馬県の青山美子(よしこ)医師と筆者のグループが、アセタミプリドの森林への散布に伴い、環境中毒、すなわち環境中のネオニコチノイドを何らかの経路で体内に取りこむことにより健康影響が生じたと考えられる事例を多数見出した[7]。ネオニコチノイドは、全身麻酔で用いられる筋弛緩薬と同じ作用をもたらす。そのようなものが、無造作に環境中で大量に使用されていることを知り、麻酔科出身の筆者は愕然とした。麻酔科医は、全身麻酔薬とともに、ニコチン受容体に作用し骨格筋の弛緩をもたらす筋弛緩薬を用い、患者の呼吸を止めて人工呼吸を行いつつ、外科手術を可能にする。筋弛緩薬はニコチン受容体を介して循環器系にも作用し、時と場合により不整脈を誘発する。不用意に使いすぎると、手術が終わって全身麻酔薬の投与をやめても呼吸が再開しない。同じような作用をおよぼす化学物質が環境中に漂っていることについて、何の規制もないこと自体が信じられなかった。

そうは言っても証拠がなければ話は始まらない。たくさんの人の協力を得ながら、世界に先駆けて環境中毒をおこしたと目されるヒトからネオニコチノイドを検出し、健康影響についての知見を積み重ねた(詳しくは第3章)。その縁で2012年のTFSPの会合に参加し、ネオニコチノイドがヒトにも影響を与えることを訴え、参加者全員の賛同を得てTFSPの公衆衛生グループが発足した。

日本人が開発し命名

ネオニコチノイドの開発は1950年代に遡る。1959年に、山本出(いずる)らがニコチンをもとに、農薬として使用する目的でニコチノイドを合成したのが始まりである。しかし、哺乳類への毒性が強かったために顧みられなかった。1978年にイギリスのシェル社が、昆虫のニコチン受容体には作用するものの、哺乳類への毒性が弱いニチアジンを合成したが、光により分解されるという欠点があって商品化されなかった。

1990年にバイエル社の利部(かがぶ)伸三らが、環境中や植物体内での分解がゆっくりで、昆虫のニコチン受容体には強く作用するが、哺乳類の受容体にはほとんど作用しない(と思われた)有機塩素化合物イミダクロプリドを合成した。続いて同様の特徴をもつ別の塩素化合物(アセタミプリド、ニテンピラム、チアメトキサム、チアクロプリド、クロチアニジン)に加え、塩素化合物ではないが同様の特徴をもつ物質(ジノテフラン)が合成され、それらの総称として山本が「ネオニコチノイド」と命名した[8](表1)。日本で販売・使用されたのはこれら7種類で、このほか中国で製造・使用されているものが5種類ある(シクロキサプリド、グアジピル、パイコンジン、イミダクロチズ、ファンヤンリン)。ジノテフラン以外は、悪名高く1971年に農薬登録が失効しているDDT(dichlorodiphenyltrichloroethane, ジクロロジフェニルトリクロロエタン)やドリン剤と同じ有機塩素化合物で、当初から「遅れてやってきた有機塩素化合物」と揶揄された。

使用拡大に伴い、ネオニコチノイドが効かない、すなわち抵抗性を有する害虫が、アジアを中心に増加した。従来より農薬メーカーの国際団体である殺虫剤抵抗性対策委員会(IRAC)は、抵抗性害虫に対して作用機構の異なる殺虫剤への使用変更や、殺虫剤の複数使用を推奨している。そのためのツールとして、作用機構による殺虫剤の分類表を作成している。これによると、殺虫剤の作用機構には、神経作用、神経筋肉作用、成長調節、エネルギー代謝阻害などがある。過去に世界的に多く使用された有機塩素系、ピレスロイド系、有機リン系、カーバメート系、ネオニコチノイド系、フェニルピラゾール系は、すべて神経作用により殺虫効果を表すものである。

ネオニコチノイド抵抗害虫に対して有望視されたのが、特徴はネオニコチノイドと同様だが、少しだけ違う作用機構をもつ一連の物質である。しかし、「はじめに」で述べたように養蜂業への被害が多発し、アメリカでは２０１５年を境にネオニコチノイド系殺虫剤の新規農薬登録ができなくなった。そのため、同種の物質が別の系の名前で登録申請されるようになった。日本ではフルピラジフロン、スルホキサフロル、トリフルメゾピリム、フルピリミンの4種類が、新規登録されている(表1)。いずれもＩＲＡＣの作用機構分類で同じカテゴリー４の「ニコチン受容体競合的モデュレーター」に分類されている。

初めに登録された7種類のネオニコチノイドへの警戒心が高まっているなか、あとから登録された4種は、便宜上ネオニコチノイド系として登録されなかったにすぎない。それだけの理由で、より安全な代替品と誤解され、使用が増えている(図1)。いずれも生態系やヒトへの影響という点では同等の懸念がある。本書では、山本の命名を尊重し、カテゴリー４の殺虫剤すべてをネオニコチノイドとして扱う(表1)。

ちなみに、殺虫剤の変更や併用は抵抗性対策のごく一部分である。肥料が多すぎると虫がわくため、使いすぎない方がいい、と昔からいわれてきた。殺虫剤を使いすぎると標的害虫だけでなく、害虫の天敵も殺してしまい、かえって害虫の勢力が増す、生態学でいうresurgence(リサージェンス)(誘導多発生）という現象がおこる。逆に、殺虫剤の使用を中止し、天敵を復活させることで被害が少なくなることがある。このほか、害虫を誘引する植物を、田んぼのまわりに植えるのが効果的なこともある。有機農業で殺虫剤を使わなくても虫害が少なくてすむのは、この生態系の複雑さを巧みに利用するからである。

コラム　アセチルコリンとニコチン受容体

アセチルコリンは、細胞間の情報伝達を担う低分子である。微生物や昆虫といった無脊椎動物、ヒトを含む脊椎動物など、広範な種の細胞において合成される。細胞外に放出されると、すぐに酵素コリンエステラーゼによってコリンと酢酸に分解され、細胞に再び吸収され、リサイクルされる。

アセチルコリンはアセチルコリン受容体に結合して作用をもたらす。大きく分けて2種類あり、1つはニコチン性アセチルコリン受容体（ニコチン受容体）、もう1つはムスカリン性アセチルコリン受容体（ムスカリン受容体）である。ムスカリン受容体は、主に細胞の機能変化や細胞移動に関与する。

ニコチン受容体は、細胞の表面にある5個のサブユニットが組み合わさった筒形のイオンチャネルである（図3）。

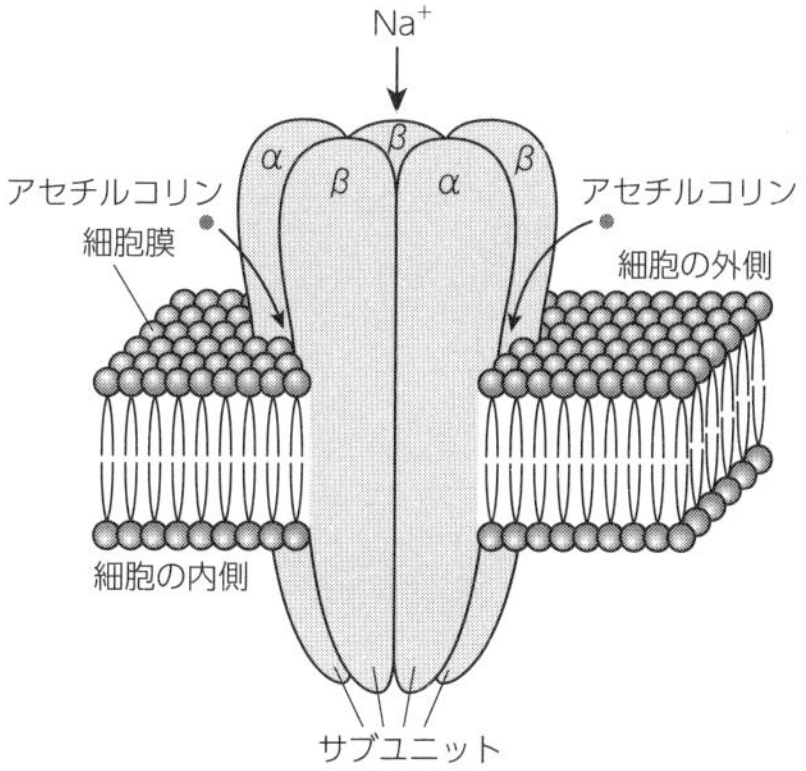

図3　ニコチン受容体の1例

サブユニットとは、アミノ酸の鎖が立体構造をもったもので、1つのタンパク質分子である。5個の細長いサブユニットがつくる筒は、通常は閉じているが、アセチルコリンがサブユニットタンパク質の特定の部位に結合すると開口し、陽イオン（ナトリウムイオンNa^{+}、カリウムイオンK^{+}、カルシウムイオンCa^{2+}）が通過する。このことにより、受け手の細胞に電気的興奮をおこすとともに、機能変化がもたらされる。

サブユニットのタンパク質には、さまざまなバリエーションがある。その組み合わせにより、数種類の亜種（サブタイプ）がある。ネオニコチノイドは昆虫の$\alpha4\beta2$サブタイプといって、$\alpha4$サブユニットが2つと$\beta2$サブユニット3つが組み合わさったニコチン受容体に強く結合し、作用をもたらす。

第2章　なぜ効きすぎるのか？――生態系への影響

医薬品の基本構造をもつ分子

ネオニコチノイドは、分子量300前後の小さな分子である。本来、ニコチン受容体に作用する分子量146のアセチルコリンよりは大きいが、分子量30万のニコチン受容体のわずか1000分の1の大きさである。昆虫のニコチン受容体に結合し、その機能を攪乱する、まさに昆虫にとっては魔の低分子である。

細胞膜を自由に通り抜け（浸透性）、水に溶ける（水溶性）。細胞膜は脂質二重層という構造をもっている。ネオニコチノイドは生理的な弱アルカリ性環境ではイオンにならないので、脂質にはじかれることなく細胞膜を自由に通り抜けることができる。それでいて水に溶けるのは、水分子と同じく、分子の中にプラスの部分とマイナスの部分を備えた極性分子だからだ（図4）。ネオニコチノイドは、極性をもつことに加え、立体的に安定でがっちりした骨組みをもつことで、アミノ酸の鎖の三次元構造であるニコチン受容体の一部分にぴったりはまりこみ、ニコチン受容体の機能を変化させる。

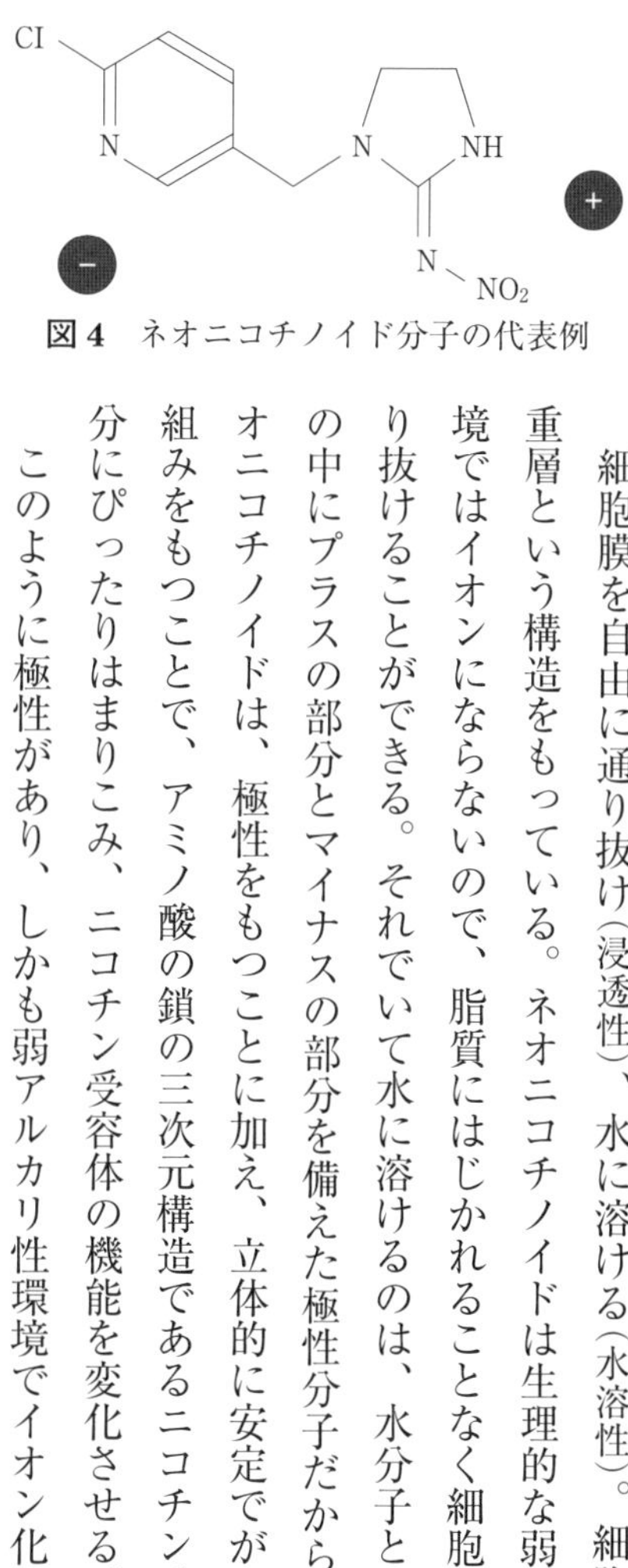

図4　ネオニコチノイド分子の代表例

このように極性があり、しかも弱アルカリ性環境でイオン化しない小さな分子は、生体によく吸収され、アミノ酸の鎖であるタンパク質やペプチド、核酸の鎖であるDNAやRNAの立体構造のどこかにはまりこむことが多く、医薬品の基本構造となっている。その中で、標的部位にのみ結合し、その後は速やかに環境中から消失するものが医薬品として選ばれるのだが、うまくつくれたと思っても、実際に使用して初めて重大な副作用がみつかることも多い。動植物の体内で酵素により分解されてできた分解産物に、分解される前と同様の作用がみられたり、分解される前より強い作用があったり、標的以外のところに結合し意図しない作用をおよぼしたり、思いのほか分解されにくかったり、そしていったん結合すると離れず作用が持続したりするなどである。ネオニコチノイドが、まさにその典型だった。

ニコチン受容体と強く結合する

ネオニコチノイドは、昆虫のニコチン受容体の特定の部位に結合すると容易には離れない。ニコチン受容体を開口させる(アゴニスト作用)、閉じたままにする(アンタゴニスト作用)、あるいはアセチルコリンに対する感受性を変化させる(モデュレーター作用)など多彩な作用を示す。

アゴニスト作用によりニコチン受容体が開口すると、細胞外と細胞内のイオン濃度が同じになるまで陽イオンが細胞内に流入する。ネオニコチノイドが受容体から離れれば、受容体が閉じて細胞内の陽イオン濃度はもとにもどり、再びアセチルコリンに反応するようになるのだが、なかなか離れないので、いつまでたってももとに戻らない。ニコチン受容体のそばにネオニコチノイドを分解する酵素があればよいのだが、残念ながら、ない。イオンチャネルが開きっぱなしになるとともに、ニコチン受容体はアセチルコリンや他のニコチン受容体作動物質を受けつけなくなり、活動休止状態に陥る。

アンタゴニスト作用のあるものは、そのままずっとニコチン受容体に結合して、アセチルコリンに反応しない状態を保ち、モデュレーター作用のあるものは、アセチルコリンに対するニコチン受容体の感受性が変化したままになる。

いずれの作用も、最初に使う量が多ければ、そのぶん早く効く。しかし、いったん効いてしまえば低い濃度で作用は持続する。

毒性学の祖パラケルススの「dosis sola facit venenum（The dose makes the poison. 毒性は量で決まる）」という言葉がある。どんなものでもとりすぎはよくないという意味で、決して「毒のあるものでも少量なら問題ない」と言っているわけではない。少量でも持続的に摂取すれば毒となるものはたくさんある。

毒ガス開発者が見出した法則

フリッツ・ハーバーは、アンモニア合成におけるハーバー＝ボッシュ法の発明者で、ノーベル賞も受賞した、当時一流のドイツ人科学者だった。第一次世界大戦で毒ガスを開発して軍事使用を指揮し、有毒ガスを高濃度で吸入すると短時間で死に至るが、低濃度でも時間がたてば死んでしまうことを見出した。

このハーバーの法則を理論的に発展させたのが、同じくドイツ人のドラックレイとキュプフミユラーで、１９４８〜49年に2篇の論文を発表した。まず毒物を、一度結合したら離れない（細胞成分に不可逆的に結合する）、または細胞に決定的なダメージを与える（細胞成分に不可逆的な機能変化を引き起こす）ものと、それ以外に分類した。

細胞成分に不可逆的に結合するものおよび、細胞成分に不可逆的な機能変化を引き起こすものの効果は、作用部位での毒物濃度がゼロにならない限り、毒性は時間とともに飛躍的に増加する。そのため、この特徴は時間累積毒性とも呼ばれる。この理論にもとづき、遺伝毒性発がん物質（遺伝情報を担うＤＮＡや染色体に変化を与える発がん物質）は製造・使用が厳しく制限され、農薬として認可されない。内分泌攪乱物質（生体のホルモン受容体に直接作用して微量でホルモンと類似した作用をもたらす化学物質）も、ようやく同様の扱いを受ける流れにある。昆虫にとってのネオニコチノイドや、フェニルピラゾール系殺虫剤のフィプロニルもこの範疇に入る。

水生プランクトンについて、ネオニコチノイドの一種イミダクロプリドで実験してみると、24時間の暴露で死ぬ濃度の1万分の1の濃度で、数週間後には死んでしまう。ミツバチで実験しても、イミダクロプリド、チアメトキサム、クロチアニジンの暴露により24時間で死ぬ濃度の1万分の1の濃度で数週間後には死んでしまい、さらに低濃度では神経機能異常が観察される。つまり、ミツバチの一日摂取許容量は事実上ゼロである。このことは、金沢大学名誉教授山田敏郎らの行った野外実験でも確認されている(9)。同じネオニコチノイドでも、物質により、種により、ニコチン受容体との結合の強さはさまざまで、結合してからの作用もアゴニスト、アンタゴニスト、モデュレーターと異なるが、基本的には同じように時間累積毒性がみられる(6)。

一方、受容体と結合してすぐに作用を表すが、やがて離れて作用が完全になくなる物質の毒性は、濃度で決まる（効果は作用部位での濃度に依存する）。低濃度であれば、暴露が長時間におよんでも問題はおきない。多くの農薬はこの範疇に入り、一日摂取許容量が設定されている。

いずれのタイプの農薬も、環境中で分解される速度が遅い場合には、不用意に大量に使用し続けると、あちらこちらに常にその農薬が存在するようになる。水で洗い流そうにも水にも含まれているし、食べたものにも含まれるようになり、水生動物だけでなく、陸生動物でも、摂取量は一定レベルから下がらなくなり、体内濃度が一定レベル以上に維持されてしまうようになる。

この場合、体の大きい動物では、農薬が内臓や筋肉、脂肪など、神経以外にも同様に分布するため、少し摂取量が増えても神経での濃度上昇はわずかである。ところが、体の小さい動物や、哺乳類において胎仔などはそういかない。たまたま薄めるのを忘れて原液を撒いてしまったとか、もともと土壌に使用していたものを水溶液で空中散布もするようになったなど、ささいなきっかけによって体内濃度が急上昇し、死に至るという悲劇がおこりうる。

生物多様性への脅威

ネオニコチノイドは生物多様性をおびやかす。ニコチン受容体を介したネオニコチノイドの作用の強さは種により、同じネオニコチノイドでも物質により異なる。水生動物（図5）を、それぞれの種におけるイミダクロプリドの半数致死濃度（全体の半分が死んでしまう濃度）の順にならべてみると、非常に感受性の高い種と低い種では、100万倍の差がある。これは体の大きさのほかに、種ごとにニコチン受容体のアミノ酸配列が少しずつ違うこと、分解する能力に差があることにもよると考えられる。最も感受性のある種では、半数致死濃度が1ppb（1ppb＝10億分の1）以下である。その生物をとりまく環境中の濃度が一時的にでも1ppbまで上昇すれば、半数が死滅する。生き残った個体に遺伝子の突然変異がおこって耐性を獲得したとしても、少しだけ作用機序の異なる別のネオニコチノイドがそばにあれば、

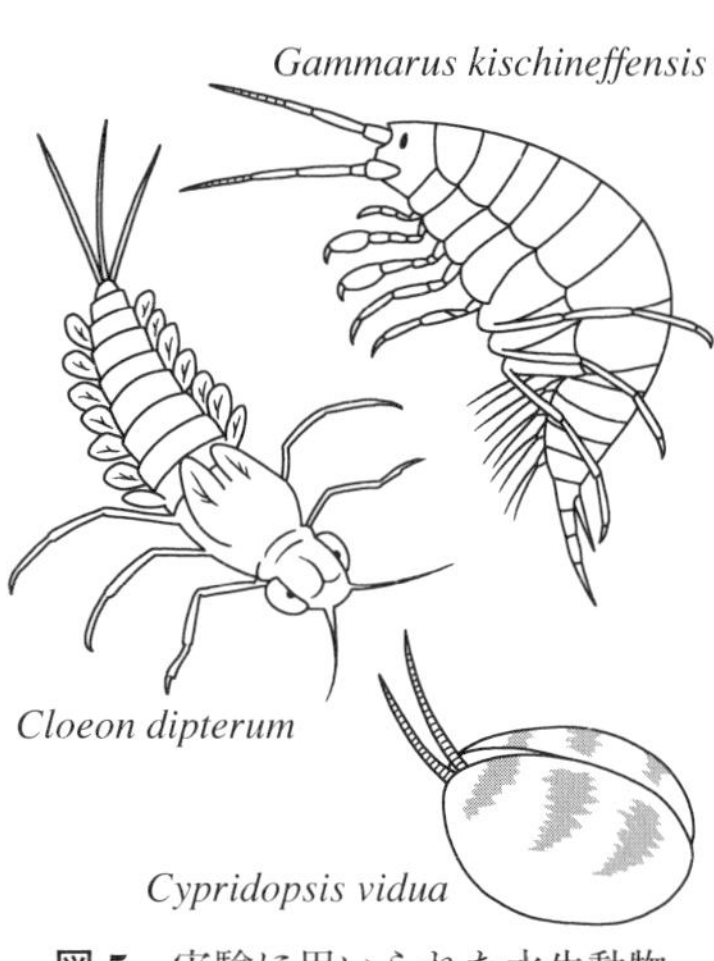

図5　実験に用いられた水生動物

おそらく耐えきれない。

生態系は食物連鎖で成り立つ。ある生態系のかなめとなる重要な種（キーストーン種）が、たまたまあるネオニコチノイドに対して非常に感受性が高かった場合、連鎖的に他の種が回復不能のダメージを被る可能性がある。１９９３年の宍道湖におけるワカサギ激減の事例がそうであった可能性を誰も否定できない。

温暖化もネオニコチノイドの毒性を加速する。ある水生無脊椎動物のイミダクロプリドによる致死率は、水温が上昇すると吸収が高まり、増加した[10]。また環境水中で、ジノテフランが微生物の酵素により、分子構造が左右に反転した光学異性体に変化することで、魚類への毒性が高まる現象が観察されている[11]。生態系での微生物による化学反応は、常にヒトに都合のいいようにおきるとは限らない。

効きにくいから多めに使うとか、余ったものを間違って飲まないようにするために全部撒いてしまうか棄ててしまえ、という使い方は、過去に有機リン系殺虫剤のように分解が早く、1週間もすればほとんどなくなってしまうものでは容認されていた。また、国もそのように指導してきたが、ネオニコチノイドでは極めて危険な行為と言わざるを得ない。

なぜミツバチはいなくなったのか

ミツバチがネオニコチノイドにより甚大な被害を受ける原因には、ニコチン受容体との結合以外にもある。たとえば分解してできたものが、元の物質より毒性が強いことがある。ミツバチの体内でイミダクロプリドが分解されてできる6-クロロニコチン酸は、ミツバチにとってより毒性が強い。摂取したイミダクロプリドが低濃度で即死をまぬがれても、数日から数週経つと6-クロロニコチン酸により死んでしまうか、神経機能異常により巣に戻ることができなくなる[5]。

チアメトキサムは、動物体内で酵素による化学反応でクロチアニジンとなり、ニコチン受容体に作用する。チアメトキサムが昆虫のニコチン受容体の半数に作用する濃度IC_{50}（単位 nmol/L（ナノモーラー））は5000で、クロチアニジンの2・2と比べ、はるかに作用が弱いようにみえる。しかし、ミツバチの半数致死量LD_{50}（単位 mg/kg）は、チアメトキサム5とクロチアニジン3・8、とほぼ同等の濃度で効果が得られる[5][12]。

昆虫の、イミダクロプリドとジノテフランのIC_{50}は、それぞれ4・3と900でかなりの開きがあるが、ミツバチの半数致死濃度LD_{50}（単位 mg/kg）は、それぞれ18と23で、ほぼ同等である。このことから、イミダクロプリドにより甚大なミツバチの被害を被ったEUでは、ミツバチに対して同等の毒性があるジノテフランは一度も農薬登録されなかった。

2024年時点の日本において、斑点米対策のカメムシ防除に使用されているネオニコチノイドは、ジノテフラン、スルホキサフロル、クロチアニジン、フルピリミンである。メーカー指定の使用濃度(mg/L)は、それぞれ100、100、40、100と、ほぼ同レベルである。岩手県の実験用の田んぼでイネに各ネオニコチノイドをメーカーの指定どおりに撒いてみたところ、ジノテフランのみ2週間後に60%の殺虫効果がみられた、斑点米の混入率(%)はそれぞれ1・0、2・0、6・6、5・8、無処理の対照が6・2だった[13]。この結果を反映して、ジノテフランの代替品として表向きはネオニコチノイドではないとされているスルホキサフロルの使用が増加しているが、本末転倒だろう。いずれにしてもコメづくりの盛んな地方では、イミダクロプリドなどによる箱処理とジノテフラン、スルホキサフロル、クロチアニジンなどによるカメムシ防除は、いまだに毎年行われ、日本の河川水では当たり前のように、使用量の多いイミダクロプリド、ジノテフラン、クロチアニジンが検出される。日本の生態系にとってのリスクは年々高まっている。

このほか、アセタミプリドやチアクロプリドのミツバチにおけるLD_{50}(mg/kg)は8100と3万9600と大きく、その他のネオニコチノイドと比べてミツバチへの作用が弱い。そのため、欧州ではアセタミプリドとチアクロプリドが多用されたが、チアクロプリドはヒトへの内分泌攪乱作用、発がん性が問題視され使用禁止となった。アセタミプリドは果実類などで使用が継続されている。

第３章　ヒトにも例外ではない

発売開始時、ネオニコチノイドは、昆虫と比べて哺乳類のニコチン受容体への結合が弱いことから、ヒトへの毒性は低いとされた。誤って飲んで、急性中毒で亡くなる人もごく少数だった。科学警察研究所の調べによれば、１９９９農薬年度から２００９農薬年度までの11年間に、ネオニコチノイドによる死者は５人だった。その間、有機リン・カーバメート系殺虫剤による死亡者は３１７４人に上った。そのためヒトに広範な環境中毒をおこすものであるとは、まったく予想されていなかった。[14]

農薬の空中散布

農地への農薬の無人ヘリコプターによる空中散布が大々的に始まったのは１９９０年代後半である。無人ヘリコプターは、有人ヘリコプターと比べ小さく、たくさんの農薬を積むことができない。そのため、人が噴霧器を使って散布する場合と比べて濃い濃度のものを、作物すれすれの高さで操縦して撒くことになった。

群馬県の青山美子医師のもとには、無人ヘリコプターによる農薬の散布が始まった１９９０年代後半以降、近隣の農地に有機リン系殺虫剤が撒かれるたびに、その半日後から数日後に、頭痛、吐気、めまいを訴えて受診する患者が増加した。患者には、有機リン中毒に特有の眼症状(瞳が小さくなりまぶたが下がる)と心電図異常(脈が遅くなり、QT延長といって、いったん収縮した心臓の筋肉がもとに戻るのに時間がかかるため重篤なリズム異常がおこりやすくなる)がみられた。有機リン中毒の治療薬であるグルタチオンの点滴や、アセチルコリンの作用を抑える抗コリン剤の服用により症状は軽快した。[15]「その程度の量」でヒトが有機リン中毒をおこすはずがない、と行政と農薬学者は突っぱねていたが、地元住民から空中散布中止の働きかけが繰り返しなされた。

世界的に慢性有機リン暴露が発達障害や精神病のリスクであるとする論文が多数出版され、このまま使い続けるわけにはいかないという空気が漂い始めた2004年夏、突然、いつもと違う症状の患者が急増した。ネオニコチノイドの一種アセタミプリドの0・02%水溶液が、松枯れの原因とされるマツクイムシを媒介するカミキリムシの駆除を目的とし、地上40mまで吹き上げる散布器を用いて、前橋市を中心とする盆地周辺のあちこちの山林に連日散布されたのだ。散布後、半日から数日後に、胸痛、動悸、胸苦しさを訴えて、数十人の患者が青山医師のもとを訪れた。年齢は3歳から82歳まで。心電図で確認すると、極端に脈が速くなり、それが数日間持続し、続いて非常にゆっくりになった。あわせて不整脈、心電図に異常波型がみられた。母親とともに散布中の公園に遊びに行った3歳児は、3日後に受診したときの心拍数が1分間に148回、平熱だが歩くことができず、1週間かかってようやく回復し、特に後遺障害はみられなかった。

2005年夏に同様のアセタミプリド散布が行われたところ、同様の症状と心電図所見の患者が再び多数受診し、アセタミプリド中毒の症状と考えられた。この散布により、散布した地点ではカミキリムシが100%死滅したが、散布時に測定された気中濃度は最大、1m^3あたり0・18μgだった。計算上、患者が吸入した総量は、国が定めたアセタミプリドの一日摂取許容量とほぼ同レベルだった。ただし一日摂取許容量は、口から入った物質が腸から吸収され、いったん肝臓に留まり、ある程度分解され、通常は弱毒化されてから（強毒化することもたまにあるが）全身に分布することを想定している。アセタミプリドの場合、食品から摂取した場合には肝臓で速やかに分解され、毒性の弱い物質になることが動物実験で確かめられている。しかし、吸入すると肝臓をはさまずに肺から心臓を経て直接脳に達するため、心臓と脳が直接的に影響を受ける。一日摂取許容量を、吸入暴露に適用することはできない。住宅地域の近隣で神経作用のある農薬を散布することの危険性を示した事例となった[16]。

住民の働きかけにより2006年、群馬県におけるアセタミプリド散布は中止された。

奇妙な物忘れ

ところが2006年の夏以降、国産果物や茶飲料（ペットボトル入りの緑茶、ウーロン茶、紅茶など）の連続摂取後に、空中散布後と同様の心電図所見と、多彩な症状を訴えて受診する患者が青山医師の患者のなかに急増した。患者は、頭痛、全身倦怠、筋肉痛・筋脱力・筋攣縮、胸痛・動悸、腹痛、咳とともに、手のふるえと心電図異常がみられ、近時記憶障害といって、数分から数日前の視覚的な記憶の障害を伴っていた。

通常、物をみると、その情報はいったん意識から消えるが、思い出す場合には視覚記憶としてたどることができる。この能力には個人差があるが、監視カメラの自動録画のような機能をヒトの脳は備えている。この精緻な脳の記憶システムにはニコチン受容体の機能がかかわっている。

青山医師がネオニコチノイド中毒と近時記憶障害の関係に最初に気づいたのは、ある30代男性の例によってである。自宅のシロアリ駆除後にうつ状態となったが、投薬により小康を得ていた。ところが、ペットボトル入り緑茶を毎日600mLずつ飲み始めて2カ月後、うつ状態が悪化するとともに、外出先から帰宅する際に自宅への道順がわからなくなった。脳の画像所見は問題なく、音に対する脳波の反応に遅延はなく（通常、有機リン中毒では遅くなる）、光に対する瞳孔の反応から、交感神経と副交感神経両方の機能不全が疑われた。

自律神経機能には、ニコチン受容体が重要な役割を担っている。この男性は、茶飲料の摂取をやめることで症状は約2カ月で消失し、社会復帰した。認知症や有機リン中毒と異なり、後遺障害はみられなかった。

他にも同様の症例があり、筆者は青山医師をはじめとする多数の研究者の協力のもとに英文論文を作成した[17]。この論文は後年、フランスでネオニコチノイドの使用禁止を働きかけていた国民議会議員の目に留まることとなり、2016年に国民議会で紹介されて、会場の議員に強い印象を与えた。当時、フランスは緑茶ブームで、緑茶に農薬が残留していて記憶障害の原因となるなど、恐怖以外の何物でもなかったようだ。

近時記憶障害の検査方法として、青山医師は3日前までの三度の食事の内容をなるべく具体的に記載してもらう方法を考案した。食事内容のチェックも兼ねている。ネオニコチノイド中毒の症状のない健康な人は、視覚記憶をたどって前日、前々日の夕食に何を食べたかをだいたい思い出すことができた。一方、ネオニコチノイド中毒の症状がそろっている人は、何を食べたかほとんど思い出すことができなかった。

ヒトの尿からネオニコチノイドを検出

その後も青山医師のもとを訪れる患者の数は減ることはなく、県外からの受診も増えて、２００９年には３０００人を超えて、国産果物やペットボトル入りの茶飲料を摂取後に、ネオニコチノイド中毒様の症状を訴える患者の発生が全国的であることが明らかになった。中毒学的に本物のネオニコチノイド中毒であることを証明するため、患者の体からネオニコチノイドを検出・定量する必要に迫られた。当初はヒトの尿や血液中のネオニコチノイドの分析を依頼しようと思っても、農薬メーカーは論外で、公的機関も引き受けてくれなかった。理由は、ネオニコチノイドが検出されてもされなくても結果を公表せざるを得ず、検出された場合、公的機関が中毒の可能性を公に認めたことになり、もし検出されなかったら単なる風評被害となってしまうから、というものだった。

２０００年代後半、生体中の微量物質を検出する技術は、分析機械そのものが高価で、どこにでもあるというものではなく、測定できる技術者も限られていた。最初に協力を申し出てくれたのは、飲料水の研究が専門の、富山県立大学の川上智規教授と関東学院大学の鎌田素之准教授だった。分析の結果、患者の尿中から、アセタミプリドが分解してできる６-クロロニコチン酸と、チオシアンイオンが高濃度で検出された[18]。

その後、北海道大学の石塚真由美教授、池中良徳教授、アメリカ・オールバニ大学の藤岡一俊博士の協力で、患者の尿中からネオニコチノイドそのものの定量検出に成功し[19]、症状の多い患者の尿からアセタミプリド分解産物のデスメチルアセタミプリドとチアメトキサムを、より高頻度に検出した[20]。

紅麹コレステヘルプと同じ症状

患者尿中から検出されたネオニコチノイドの濃度は、健常人よりやや高かった（数ng/L）ものの、たとえば誤って農薬そのものを飲んだなどの急性中毒患者の尿中濃度（数μg/L）の1000分の1と、はるかに低かった。比較的症状の重かった患者の尿を、初診日以降、毎日採取して調べたところ、中毒症状が強く出ている間は尿量が少なく、ネオニコチノイドもほとんど検出されなかった。ところが、果物や茶飲料の摂取を控えて徐々に症状が消えていくと、急に尿量が増加し、その尿の中には高濃度のネオニコチノイドが含まれていた。このような尿の出方は、急性腎障害でよくみられるパターンだった。

通常、急性腎障害は、主に脱水や出血など、循環する血液の量が急に減って腎臓への血流が低下した際に、日頃から尿中の大事な栄養やミネラルをせっせと回収している働き者の腎尿細管が、血流低下による酸素の供給不足により、うまく機能しなくなることでおきる。腎臓への血流低下時には尿量は減るが、その後、非常に薄い尿がたくさん出る。このほか尿細管の障害は、毒物により尿細管の機能が直接損なわれることでおきることもあり、ファンコニ症候群と呼ばれる。古くはカドミウムによるイタイイタイ病、最近では紅麹コレステヘルプによる腎障害がこれにあたるといわれている。糖尿病や高血圧症によって生じる慢性腎臓病では、尿量が減って血圧が上がり、体がむくんでくる。しかし、尿細管障害では、尿量が増えて血圧は下がり、患者はやせていく。

そこで、食品によりネオニコチノイド中毒をおこしたと考えられる患者の尿を調べたところ、案の定、尿細管機能が低下していることを示す結果だった。後年、チアメトキサムが可逆的な急性腎障害をヒトにおこすこと、動物実験でチアメトキサムが腎尿細管の周辺の白血球の活動を活発化させ、尿細管障害をおこすことが確かめられた。

EUのネオニコチノイド政策を変えた日本人の研究

ヒトを含む哺乳類のニコチン受容体は、脳だけでなく、自律神経節、副腎髄質、神経筋接合部、皮膚立毛筋、汗腺、免疫細胞（白血球）、気管支上皮細胞、表皮角質細胞、血管内皮細胞、卵胞、精子、精巣上皮、肝臓細胞、膵島（すいとう）β細胞、腎尿細管、心臓、小腸、胸腺、膀胱、羊膜、胎盤栄養膜細胞にも存在する。たとえばニコチンは、ニコチン受容体にアセチルコリンより強く結合して作用する。ニコチン受容体が刺激されると、循環器、中枢神経、呼吸器、消化器、腎、骨格筋、分泌、体温、瞳孔などに広範な症状が出現する。

大量にネオニコチノイドを摂取すると、これらのニコチン受容体刺激症状が全身に出現し、少数ではあるがイミダクロプリド、アセタミプリド、チアクロプリドで死亡例が、チアメトキサムで重症例が報告されている。ネオニコチノイドの空中散布や食品残留ネオニコチノイドにより同様の症状が出ることから、ネオニコチノイドがヒトのニコチン受容体に結合し作用するものであることは、予想されていた。

木村‐黒田純子博士らは、食品に残留したネオニコチノイドによる中毒症状についての、筆者らによる報告から、ネオニコチノイドが哺乳類のニコチン受容体にもそれなりに結合し、持続的に作用するものではないかという疑念を抱いた。そして2012年、ヒトと同じ哺乳類であるマウスの発達期の神経細胞に、ネオニコチノイドがニコチンと同程度の濃度で機能変化と形態変化をおこすことを、画像で示した論文を発表した[21]。この論文は世界的に衝撃をもって受け止められ、欧州を中心にパニックがおこった。

欧州委員会の担当者は、環境医学の基礎知識として、内分泌撹乱物質のように微量で受容体に作用をおよぼす物質がもたらす慢性影響を、ドラックレイとキュプフミュラー(22頁)の教科書から学んでいた。そのため、ネオニコチノイドが哺乳類の受容体に結合して発達期の神経細胞に不可逆的な作用をもたらしうるものであること、そしてその帰結として、ネオニコチノイドを使い続けていれば、ヒトがやがてミツバチと同じ運命をたどるであろうことを即座に理解した。そしてEUは、予防原則を適用してネオニコチノイドの大幅な使用規制に踏み切った。予防原則は、なんとなく不安だから念のため、などというヤワな論理ではない。自然科学にもとづく厳密な理論構築を踏まえて導きだされた、1つのリスク管理のあり方なのだ。

ヒトの脳に移行する

環境ネオニコチノイド中毒に関する臨床研究の論文はいくつかできたものの、食品に残留している程度の濃度でヒトが中毒をおこすということについて、懐疑的な意見は根強かった。1995年の山本出の論文には、「脊椎動物ではイミダクロプリドは血液脳関門を通過しないと言われている」と書かれている。[22] このことをもって、ネオニコチノイドが容易には脳に移行しない、と何の根拠もなく信じ込んでいる農薬学者は多かった。イミダクロプリドを開発したバイエル社に所属するシーツらは、「ネオニコチノイド系殺虫剤の発達神経毒性についての批判的レビュー」と題する論文を2016年に発表し、文中で1995年の山本の論文を引用し、抄録でネオニコチノイドは哺乳類の血液脳関門をほとんど通過しないと記述した。[23]

この議論に最終的な結論を出したのは、スイスのエドワード＝ミッチェルと小児科医のグループだった。彼らが2022年に発表した論文によれば、慢性血液疾患の検査のため、定期的に脳脊髄液と血液と尿の採取を行っている子ども14人の検体のネオニコチノイド濃度を測定したところ、脳脊髄液からアセタミプリドの分解産物、デスメチルアセタミプリドが13人、スルホキサフロルが4人、チアメトキサムが3人、イミダクロプリドが1人から検出され、それぞれ血液（血漿）から12人、5人、7人、1人、尿から13人、0人、0人、1人が検出された。最も検出率の高かったデスメチルアセタミプリドは、アセタミプリドが肝臓で分解されてできる物質（分解産物）で、水溶性が高く尿に出てきやすい。デスメチルアセタミプリドの脳脊髄液中の濃度と血漿中の濃度に強い相関があり、尿中濃度とも若干ばらつきはあるものの相関が認められた[24]。つまり、血液中にネオニコチノイドが存在すれば、腎臓を介して尿に出現するだけでなく、血液脳関門を経て脳に移行し、やがて脳の分泌液である脳脊髄液中にも出現することが明らかとなった。通常の食生活において、尿中にネオニコチノイドが検出されるということは、脳も汚染されていると考えられることの決定的証拠となった。このことは、神戸大学の星信彦教授らによるクロチアニジンについてのマウス実験でも確かめられている[25]。

動物の組織から微量のネオニコチノイドを検出する技術が北海道大学の池中教授らにより確立されたのは、ごく最近のことである。脊椎動物がネオニコチノイドを摂取すると、直ちに脳や精巣を含む全身に分布するとともに、肝臓、腎臓、肺などに存在する酵素により速やかに分解され、多彩な分解産物を生じて、それぞれ脳を含む組織に移行する[26]。１９９５年にはそのような分析技術はなく、脳への移行は確認できなかっただけなのだ。

厚生労働省の全国調査によれば、２００６年当時、日本人のネオニコチノイド摂取はかなり多かったと推測できる（図６）。著者らの調査では、ある銘柄のペットボトル入りの緑茶には、アセタミプリドが２・５ppm（１ppm＝一〇〇万分の１）含まれていた。２０００年代後半、青山医師のもとだけでなく、東京と横浜で行っていた筆者の外来にも、およそ認知症や心臓病とは無縁にみえる社会的に活躍中の若年層が、毎日５００mLのペットボトル入り緑茶を数週間飲み続けた、または国産果物（ブドウ、リンゴ、ナシなど）約５００ｇを数週間食べ続けた、自分へのご褒美としてサクランボを一箱買って食べた、お盆のお供えにいただいた高級ブドウを毎日１房ずつ食べた、お歳

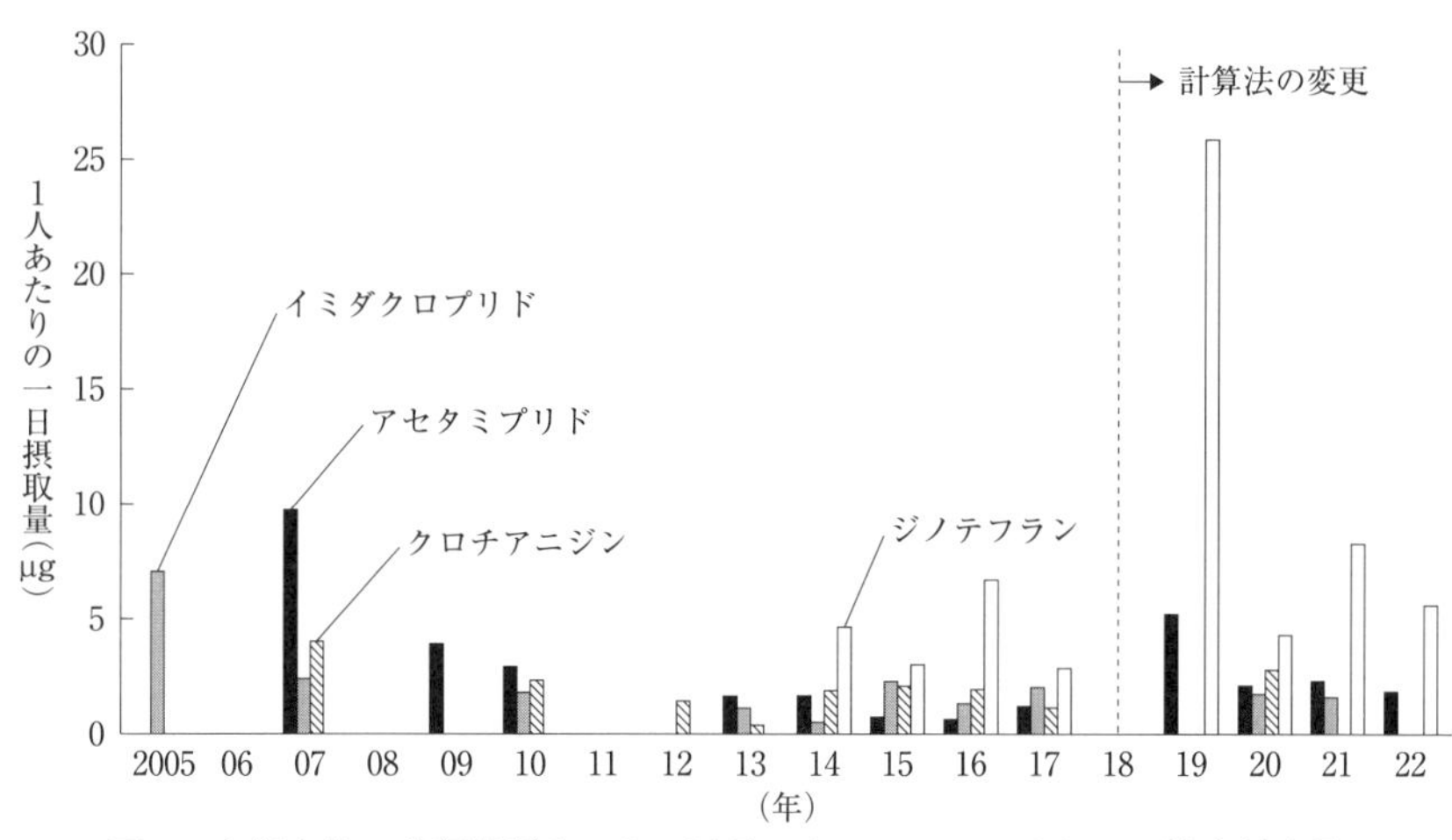

図6　市販食料の残留量調査による国民のネオニコチノイド一日推定摂取量．厚生労働省調べ

暮のリンゴ1箱を毎日1個ずつ食べほぼ食べ終えたなど、ネオニコチノイド残留食品の連続摂取をきっかけとして、手のふるえとともに胸の苦しさと全身倦怠を訴え、就業が困難となり訪れた。しかし、群馬県の症例の症状と比べて、はるかに軽症だった。群馬県では2年連続して空中散布が行われ、人体内のネオニコチノイド（またはその分解産物）の濃度は相当なレベルに上昇していて、そこに果物や茶飲料からの摂取が加わり、急激な濃度上昇がおきて、発症したのかもしれない。

人体に滞留する

ネオニコチノイドは水溶性だから摂取後、体内にとどまることなく、尿からすぐに排泄されてしまうと信じられていた。しかしそうではなかった。ネオニコチノイドはタンパク質と結合する性質がある。ネオニコチノイドは血液中のアルブミン、ヘモグロビンなど、さまざまなタンパク質と可逆的に結合し保持される。しかも、油にも若干溶けて保持される。油と水にどれくらいの割合で溶けるかというと、最も油に溶けやすいチアクロプリドで18対1、最も水に溶けやすいニテンピラムで0・22対1である。一般に、油と水に溶ける割合が1000以上対1で、脂肪に蓄積し生物濃縮するといわれている。桁違いに油に溶けにくいネオニコチノイドが、生物濃縮することはない。しかし、持続的に摂取すると、ネオニコチノイドは筋肉や内臓、血液のタンパク質や脂肪組織とゆるく結合して保持される。これらはネオニコチノイドを貯める袋として機能する。

小さな虫とヒトとでは、サイズが違う。体が大きければ、その分、貯める袋をたくさんもっていることになる。そのため、袋がいっぱいになる、つまりヒトが中毒を発症する速度は虫より遅い。一方、貯まる量が多い分、持続的摂取により体内濃度が上昇すると、下がるのに長時間を要するようになる。このことは、福島県有機農業ネットワークの長谷川浩博士が考案した次の実験で証明された。

まず、有機栽培農家の尿と、その他の住民の尿の中のネオニコチノイドの濃度を比較した。有機栽培農家では、その他の住民と比べて尿中ネオニコチノイド濃度が低かった。その理由として、職業的な暴露が少ないことに加えて、自ら育てた農産物を食べることが多く、農地に隣接した自宅で使用する井戸水の汚染が少ないことなどが考えられた。

次にボランティアを募集し、有機農産物のコメ、野菜、ジャガイモ、豚肉、味噌または納豆、麴を提供し、ネオニコチノイドの尿中濃度の変化を追った。有機農産物は生産にネオニコチノイドを使用しない。成人がこれらの有機農産物を5日間摂取すると、尿中ネオニコチノイド濃度が低下したが、小児ではあまり顕著な差がみられなかった。小児の尿中ネオニコチノイド濃度低下には、前記以外の食品および飲料など、より多くの食品の有機農産物化が必要と考えられた。

さらに、30日間有機農産物を摂取した人では、始めて2週間くらいしてイミダクロプリドや、アセタミプリドの分解産物、デスメチルアセタミプリドの尿中排泄が増加し、以後持続した。有機農産物の摂取を続けることで、体内の組織や血液中に保持されていたイミダクロプリドやアセタミプリドが徐々に排泄されていくと推定され、まったくなくなるまでには数週間から数カ月を要すると推定された[27]。

神戸大学の星信彦教授らによれば、マウスにクロチアニジンを連日摂取させても、脳中への蓄積を意味する脳中濃度の上昇はほとんどみられない。しかし、血中濃度は徐々に上昇する[28]。クロチアニジンは血液中ではアルブミンやヘモグロビンに結合して体内に保持されるため、連続して摂取することにより血中濃度は一定レベルまで徐々に上昇し、脳中濃度も長時間一定レベルに維持される要因となるようだ。

胎盤を通過する

脳への移行とともに、ネオニコチノイドが胎盤を通過するかどうかについても、当初懐疑的な意見が多かった。その決定的な証拠を示したのは、当時獨協医科大学にいた市川剛（ごう）医師らだった。

市川医師は、2009年から10年にかけて生まれ、新生児ＩＣＵ（集中治療室）に入室した出生体重1500g未満の新生児の尿を分析した。すると、57例中14例からアセタミプリドの分解産物、デスメチルアセタミプリドを、1例からジノテフランを検出した。新生児は、出生後48時間は母乳を飲まないので、検出したネオニコチノイドは、母親が摂取したものが胎盤を通って新生児に移行したと考えられた[29]。一般に、胎児の血液脳関門は未熟であることから、胎児の脳は、母親のネオニコチノイド摂取により直接ネオニコチノイドにさらされていることがわかった。

木村－黒田らがマウスで見出したように、ネオニコチノイドが神経細胞の機能と形態に変化をもたらすことが、ヒトの脳でもおきている可能性が高まった。

ヒトの神経細胞のニコチン受容体に作用する

２０２１年になって、ドイツのローゼルらが、ヒトの発達期の神経幹細胞を使って、ネオニコチノイドがニコチン受容体に結合し作用をおよぼすことを証明した。ヒトの脳のニコチン受容体は、$\alpha7$とそれ以外の非$\alpha7$に大別できる。彼らの実験によれば、$\alpha7$にも非$\alpha7$にもイミダクロプリド、アセタミプリド、クロチアニジン、チアメトキサム、チアクロプリドは結合してイオンチャネルを開口させた。さらにはイミダクロプリドの分解産物、デスニトロイミダクロプリドは、ニコチンなみに強く結合し作用をもたらした[30]。

池中らによれば、マウスにイミダクロプリドを長期間連続投与すると、血液以外の組織中におけるイミダクロプリドの分解産物、デスニトロイミダクロプリドの濃度が、イミダクロプリド濃度に比べて高くなる。デスニトロイミダクロプリドの濃度が最も高いのは肝臓で、次いで脳、精巣、肺、腎臓だった[26]。すなわち、イミダクロプリドは肝臓で毒性の強いデスニトロイシダクロプリドとなり、脳、精巣、肺、腎臓でニコチン受容体と強く結合するため、持続的に摂取すると各臓器でのデスニトロイミダクロプリドの濃度が上昇し障害がおこる。デスニトロイミダクロプリドはヒトの尿からの検出例が多数ある。

チアクロプリドの分解産物、デシアノチアクロプリドも、もとの物質より哺乳類のニコチン受容体に強く結合し、毒性が強いことが知られている。スルホキサフロルは、ラット胎仔の神経筋接合部に存在するニコチン受容体に作用することが報告されている[31]。

このほか、イミダクロプリドとチアクロプリド、チアメトキサムには内分泌攪乱作用があることが、ヒトの細胞を使った実験で示されている。

神経のネットワークづくりを攪乱する

ヒトの中枢神経細胞のα7ニコチン受容体にニコチンが結合すると、受容体のイオンチャネルが開いてカルシウムイオンCa^{2+}が流入し、神経伝達物質(ドパミンまたはグルタミン酸)の分泌変化がおこる。と同時に、神経細胞の興奮を伝える側である軸索の神経突起が伸長し、他の神経細胞から興奮を受け取る側である樹状突起スパインの形態が変化する[32]。

そのため、成人がニコチンを摂取すると、神経細胞のネットワーク変化による認知機能の異常や精神神経疾患、たとえばアルツハイマー病、パーキンソン病、統合失調症、チック症、不安、うつ、てんかん、辺縁系脳炎などの発症増加をもたらす[33]。一方、発達期の脳においては、不可逆的な脳の組織と機能の変化をもたらす。脳の発達には、神経細胞の増殖と神経突起を伸ばすことによる神経細胞の移動、そして新しいネットワークづくりが不可欠だからである。

ネオニコチノイドのうちニコチンと同じようにα7ニコチン受容体に作用するイミダクロプリド、アセタミプリド、クロチアニジン、チアクロプリドが、神経毒性および発達神経毒性をもたらす危険は十分にある。

発達神経毒性を動物実験で確認

現在、少なくともイミダクロプリドとアセタミプリド、クロチアニジンについて、農薬登録時にはマウスに何の影響もおよぼさないと思われていた低い濃度で、神経発達の異常がおきることが動物実験で示されている。

たとえば国立医薬品食品衛生研究所の種村健太郎博士らによれば、母マウスに1日に体重1kgあたり0・01mgのイミダクロプリド(一日摂取許容量の5分の1以下)を胎生11・5日から出生後28日まで投与したところ、出生12週後の仔マウスに多様な行動異常とともに、脳組織における神経幹細胞の減少とグリア細胞の減少がみられた[34]。

広島大学の石原康宏教授らによれば、母マウスに1日に体重1kgあたり0・1mgのイミダクロプリド、またはクロチアニジンを胎生11日目から出生後21日まで投与したところ、出生6週間後の仔マウスの総行動距離の減少がみられた。生まれた仔マウスの動きが極端に悪くなったのである[35]。

近畿大学の長尾哲二教授らによれば妊娠マウスに、毎日、体重1kgあたりアセタミプリド5mg

を、胎生6〜13日（新皮質形成期間）に投与したところ、胎生14日目における皮質板の低形成と神経発生の低下がみられ、出生直後の脳の新皮質に、神経幹細胞の異常分布と、グリア細胞の異常な増加がみられた[36]。

もともと実験動物の発達神経毒性をどのように検出するのかという大きな問題があり、農薬開発時に検査機関が行った大雑把な実験では何もおきなかったといっても、その結果に大した信頼性はないことが指摘されていた。この問題を克服し、実験動物の行動の異常と脳組織の細胞の異常を精密に検出することができるようになったのは、ひとえに、それを検出することが必要不可欠であるという研究者の熱意と技術の進歩による。マウスとヒトは違うといえばそれまでだが、ならば何を指標にネオニコチノイドに発達神経毒性の心配はないといえるのか。

ネオニコチノイドの発達神経毒性について、理論的には十分にありうる話だから、厳密な疫学調査の結果が出るまで待つのではなく、予防的に使用を控えようと考えるか、実際にマウスでおきたことはヒトにもおこりうるから使用を控えようと考えるか。その違いはあっても、いま決断しなければ取り返しがつかなくなるであろうことに変わりない。そこで思考停止に陥って何もしないのか、用心深く舵を切るのか——次章以降は、後者の道を選ぶ人たちに有用と思われる資料を紹介する。

第4章　ネオニコチノイド汚染の現状

進行する汚染

ネオニコチノイドによる環境汚染は世界各地でみられる。水を介して環境中に広がり、大気中をPM2・5などの粒子状物質に混じって移動する。水や土壌の中で半分が分解される時間は、条件により数カ月から1年以上、とかなり遅い。特に雨の少ない土地では蓄積しやすい。

EUで一部のネオニコチノイドの使用制限が始まった2014年以降、農薬メーカーは新たな販路を開拓すべく、アジア、アフリカ、南アメリカなどに向けてさまざまな販売戦略を展開した。たとえば東南アジアでは地域の売店で、とにかく使ってみてよ、とタダで配り、その「良さ」をアピールしたのだ。もともと殺虫剤の中身について、さしたる知識もない農家が大半の地域で、じわじわとシェアを伸ばしていった。EUで規制されていることを知らずに使っている人が大半だった。

2017年10月、世界的な科学誌『サイエンス』に発表された、スイスのヌーシャテル大学とヌーシャテル植物園の研究によれば、世界中から集めた198のハチミツ検体の75%から、ネオニコチノイド5種（アセタミプリド、クロチアニジン、イミダクロプリド、チアクロプリド、チアメトキサム）のうち少なくとも1種が検出された。45%からは2種以上、10%からは4種類以上のネオニコチノイドが検出された。検出された濃度は、ヒトの食用として有害とされるレベルより低かったが、約半数の検体でハチへの悪影響が懸念される濃度を超えていた。アジアのハチミツからのネオニコチノイド検出率は、アセタミプリド7割、イミダクロプリド2割で、欧州ではチアクロプリドが7割、アセタミプリドが2・5割だった。ハチは巣から半径12km以内の花蜜と花粉を集めるというが、[37]ハチミツのネオニコチノイド汚染は、まさに周囲の使用状況と並行していた。

野生動物からもよく検出される。アメリカ西部モンタナ州の中西部では、1996年以降、野生オジロジカの奇形や発達異常が激増したので2015年に調査したところ、オスの67%に性器異常がみられ、オス、メスともに肝臓、脳、脾臓、生殖器からイミダクロプリドが検出された。[38]

北海道で2020年に食用に栽培された作物を食べて捕獲された野生のアライグマ59頭のうち、53頭(90%)の尿から、何らかのネオニコチノイドが検出された。最も多かったのがクロチアニジン66%、次いでアセタミプリドの分解産物、デスメチルアセタミプリド53%、アセタミプリド36%、イミダクロプリド24%、チアメトキサム19%、ジノテフラン20%、チアクロプリド3%だった。[39]現代においては、野生動物といえども、農薬と無縁で生きることはできないのかもしれない。

進行する多種農薬の水系汚染

アメリカ中西部のトウモロコシとダイズ栽培が盛んな地域の9河川から採取した79検体を20

13年の栽培時期に分析したところ、75％でクロチアニジン、47％でチアメトキサム、23％でイミダクロプリドが検出された[40]。2016年に同地域の農業地域から取水し処理した飲料水からはクロチアニジンが3・89〜57・3ppt（1ppt＝1兆分の1）、イミダクロプリド1・22〜39・5ppt、チアメトキサムが0・24〜4・15ppt検出された[41]。

中国では、2019年に南部の輸出向け農産物の生産地を中心に、多種のネオニコチノイドとその分解産物が飲料水から合計28ppt検出されている。一方、北京周辺の中央部の飲料水からの検出は8pptだった。農地が多い地域における水道水の水質管理の難しさを物語っている[42]。

日本の河川はすでに多種類の農薬で汚染されている。2012〜17年の全国の12水道処理施設で採取した検体の分析によれば、水道原水の26％でイミダクロプリド、20％でクロチアニジン、10％でジノテフランが検出された。処理後の水道水からもイミダクロプリド、クロチアニジン、ジノテフランの検出例がある。イミダクロプリドの出荷量の62％、ジノテフランの72％がコメづくりに使用されている[43]。

あらゆる食品に残留

食品残留も当たり前になってしまった。アメリカで1999〜2015年の食品中のネオニコチノイドを分析したところ、検出頻度はイミダクロプリドが最も高く、検査対象となったカリフラワーのうち58％、レタスで46％、ホウレンソウで39％、ジャガイモで31％から検出された。次いでアセタミプリドは、サクランボで46％、リンゴで30％、ナシで24％、イチゴで21％から検出された[44]。

日本では2016年、市販されている緑茶の茶葉39検体と、ペットボトル入り茶9検体を分析したところ、いずれからもジノテフランが100%、イミダクロプリドがそれぞれに92%と78%、チアクロプリドが79%と100%、チアメトキサムが79%と100%、クロチアニジンが74%と100%、アセタミプリドが64%と78%、ニテンピラムが3%と検出感度以下、検出された[45]。

2018年から19年に生産された日本茶の茶葉103検体のうち、慣行栽培61検体と有機栽培42検体から抽出した緑茶を分析したところ、最大濃度は、ジノテフランがそれぞれ3407ppb（1ppb＝10億分の1）と27ppb、チアメトキサムが949ppbと126ppb、クロチアニジンが329ppbと6・3ppb、アセタミプリドが14ppbと1ppb、チアクロプリドが12ppbと2ppb、ニテンピラムが0・01ppbと0・08ppbだった[46]。慣行栽培と有機栽培の違いについては第5章を参照していただきたい。

ヒトからも世界的に検出

ヒトの尿からのネオニコチノイド検出は、世界的にみられる。今までに日本、中国、スリランカ、アメリカ、韓国、ベトナム、インド、クウェート、サウジアラビア、ギリシャ、タイ、ガーナ、スイス、ドイツ、フィリピンの一般人の尿から検出されている[47]。尿中ネオニコチノイド濃度は、排尿ごとに濃度がかなりばらつき、数日間連続測定してみると、起床後最初の尿（早朝第一尿）の濃度のばらつきが比較的少ない。個々の暴露の程度を推定するのであれば、早朝第一尿を調べるのがよいことが、最近明らかになった[48]。

尿以外からも、前述の血液、脳脊髄液のほかに、毛髪、唾液、精液、母乳、歯からも検出が報告されている。ネオニコチノイドは全身のありとあらゆる場所に浸透する。

尿中からの検出は、さまざまな集団(大人、子ども、新生児、妊婦)で確認されている。日本人の尿中から最も多く検出されているネオニコチノイドは、アセタミプリドの分解産物デスメチルアセタミプリドである。これが子どもの尿から検出される濃度と頻度は、アセタミプリドの使用が少ないフィリピンの子どもの尿と比べてかなり高い[47]。中国でも広範な調査が行われているが、水道水からのネオニコチノイドの検出が多い南部では、ほぼ日本と同レベルである[49]。日本人のネオニコチノイド暴露は、中国の南東部の農業地帯なみで、世界的にも高い水準にある[50]。

年々上昇する尿中濃度

日本の女性ボランティアの尿中ネオニコチノイド検出率は、ネオニコチノイドの使用の開始に伴い年々上昇し、検出濃度も上昇していることが疫学調査で明らかにされた。1994年にはイミダクロプリドが約10%で検出されるのみだったが、2000年からアセタミプリドとチアメトキサム、2003年からニテンピラム、チアクロプリドも検出されるようになった。ネオニコチノイド残留食品による中毒が問題となっていた2009年には、クロチアニジンとジノテフランの検出も加わり、イミダクロプリドとアセタミプリド、チアクロプリドの中央値は過去最高で、2011年と比べても高い値だった[51]。

この現象に注目した浸透性殺虫剤タスクフォース(TFSP)の公衆衛生グループのメンバーは、

2016年の会合に世界各地から参加した学者の有志24人の早朝第一尿と、19人の毛髪の中のネオニコチノイドとアセタミプリドの分解産物デスメチルアセタミプリドの濃度を調べてみることにした。すると、尿中からはデスメチルアセタミプリドのみが58％で検出されたが、毛髪中からはチアクロプリド74％、イミダクロプリド68％、アセタミプリド53％、チアメトキサム21％、クロチアニジン16％が、欧州在住の学者たち、その他のアジア、アメリカ、オーストラリア在住の学者たちの両方から検出された。

毛髪には、ケラチンやメラニンのタンパク質が含まれる。頭皮の毛根で、数カ月にわたってネオニコチノイドが徐々に取りこまれた結果、検出されたと思われた。頭皮と脳は同じ頸動脈からの血流を受けている。毛髪に検出されるということは、同じくタンパク質のかたまりである脳にも、ネオニコチノイドが慢性的に存在するであろうことを意味していた。

この結果を目にし、それまで先進的な政策で自分たちは守られていると信じていた欧州の学者たちの目の色が変わった。と同時に、当時、世界では主に尿中ネオニコチノイドの濃度測定がヒトの暴露の推定のために行われていたが、隠れた脳汚染が世界中に広がっているのではないか、という疑念が生じた。

そこで今度は、欧州に遅れてネオニコチノイドが部分的に導入されたフィリピンでフィールド調査を行うことになった。地理的に離れた3つの島——ルソン島、マリンドゥケ島、ミンダナオ島で、土壌を採取するとともに、子どもと成人男女から毛髪と尿を採取したのだ[47]。

その結果、全体として、イミダクロプリドとクロチアニジン、チアメトキサムの検出率が高かったが、毛髪と尿との検出率を比べると、イミダクロプリドはそれぞれ60％と48％、クロチアニジンは46％と14％、チアメトキサムは30％と31％で、クロチアニジンの尿中検出率の低さが際立っていた。クロチアニジンが人体を通り抜ける速度は速い（約数時間で尿中に排泄される）にもかかわらず、毛髪に移行している。このことから、脳への移行もおこっていると推定された。クロチアニジンの暴露が長引けば、イミダクロプリドやアセタミプリドでおきたのと同様の神経細胞の変化がヒトの脳でおきるかもしれないことがわかった。

健康影響の疫学研究

日本では環境省が、２０１１年より10万組の子どもたちと、その両親の参加を得て大規模な疫学調査「子どもの健康と環境に関する全国調査（エコチル調査）」を実施している。赤ちゃんがお母さんのお腹にいるときから13歳になるまで、定期的に健康状態を確認し、環境要因が子どもたちの成長・発達にどのような影響を与えるのかを明らかにする調査である。

その一環として、２０１１年1月から14年3月に全国で登録された10万３０９９人の妊婦から、妊娠早期（22週未満）と妊娠中後期（23週以上）に尿を1回ずつ採取した。その中の８５３８人の尿中ネオニコチノイド濃度を測定したところ、妊娠早期、中後期ともに80％以上から何らかのネオニコチノイドが検出された[52]。最も検出率が高かったのは、アセタミプリドの分解産物、デスメチルアセタミプリドで、妊娠早期86％、同中後期82％、次いでジノテフラン71％、67％、クロチアニジン69％、63％、アセタミプリド15％、14％、イミダクロプリド14％、13％だった。採尿のタイミングが一定ではないので、尿中ネオニコチノイド濃度が高かった人の普段のネオニコチノイドの暴露が、より多かったとはいえない。しかし、日本では、大多数の妊婦が日常的に何らかのネオニコチノイド暴露を受けており、その結果として、胎児の大半がほぼ常時、発達神経毒性のあるネオニコチノイドにさらされていることが確定した。このことは、ありとあらゆる食品にネオニコチノイドが残留している結果だと考えられ、公衆衛生学的には決して無視することのできない事態である。

同じ研究で、妊娠中に尿中ネオニコチノイド濃度を測定した妊婦から生まれた子ども８５３８人について、生後６カ月から４歳まで、６カ月おきに養育者に神経発達に関するアンケートを行ったところ、５つの検査項目のうち粗大運動（座る、立つ、歩くなど生活に必要な動作）と問題解決において、精密検査が必要と判定される、偏差値でいうと30以下のポイントだった子どもが最大10％いた。８割以上の子どもが胎児期にネオニコチノイドの持続暴露を受け、出生後も暴露が持続する状況下で、発達に特性をもちながら育つ子どもが増えていることが明らかになった。

海外での研究

世界的に、ネオニコチノイドの健康影響として大規模な疫学研究で報告されているのは、主に肥満、糖代謝異常、肝機能障害についてである。アメリカのＮＩＨ（National Institutes of Health. アメリカ国立衛生研究所）が実施した調査では、イミダクロプリドやアセタミプリドが残留した食品の摂取は肥満と脂肪肝をもたらし、メタボリックシンドロームの悪化につながるようだ[53]。栽培にネオニコチノイドを使用した食品を摂取しないことで、肥満を避けることができるかどうかについては、まだ調べられていない。

スリランカ北部および中央部の乾燥地域では、ネオニコチノイド使用の増加と並行して原因不明の尿細管機能障害による慢性腎臓病が多発するようになった。患者数が人口の10%を超える地区もあり、社会問題化している。上水道の整備が遅れている地域で、井戸水を飲んでいる男性農民に多く、ネズミが媒介するハンタウイルス感染症との関連も指摘されている。2016年に現地住民の尿を集めて調べたところ、慢性腎臓病予備軍である尿細管間質性腎炎と推定される尿所見を有する人たちの尿中のアセタミプリド分解産物デスメチルアセタミプリド、ジノテフラン、チアメトキサムの濃度が高いことが見出された[54]。

生殖毒性の懸念もある。2018年から19年にかけて、中国・武漢の男性191人の精液からネオニコチノイド分解産物が頻繁に検出され、精液中のイミダクロプリド分解産物、イミダクロプリドオレフィンの濃度が高い人では、精子が前に向いて進む力が低下していた[55]。

ベトナム国境付近の広西チワン族自治区の妊婦から2015年から18年に生まれた満期産児について、胎児発育不全の387人と、正常発育1096人の母親の妊娠初期の血液中のネオニコチノイド濃度を調べたところ、ジノテフランとアセタミプリド濃度が、胎児発育不全と関連した[56]。

大袈裟ではなく、国家の生き残りを望むのであれば、ネオニコチノイドはなるべく使わない方がいいものである。欧米では、食品の種類によるものの、有機農産物の供給が全体の数割あり、いわゆる中産階級以上の人は、完璧とはいえなくてもネオニコチノイドを摂取しない生活を、自分にも自分の子どもにも実現できる。だからこそ、輸出向けの農産物や、それを栽培する貧しい人のことは、後回しにしているともとれる。

日本とアメリカや欧州では、農業のありようがまったく違う。日本には日本に合った方法をとらないと、生き残れないと考えるのが現実的ではなかろうか。

第5章　どのように規制するか？——農薬登録制度の盲点

第2章で述べたように、ネオニコチノイドは動物のニコチン受容体に結合し、持続的に作用をおよぼす。しかし、種によって感受性に大きな開きがあることから、生態系全体にとって安全といえる量は、かなり少ない。また、発売時に考えられていたのとは異なり、第3章に示したように、ヒトにとっても安全とはいえない。

現実的に、どのように使用すれば生態系が守られ、安心して食生活を送ることができるのだろうか。

農薬とは

ここで改めて、「農薬取締法」で定義されている「農薬」をみてみよう。これによると、農作物等（樹木及び農林産物を含む）を害する病害虫（菌、線虫、ダニ、昆虫、ネズミ、その他の動植物またはウイルス）の防除に用いられる殺菌剤、殺虫剤、その他の薬剤（その薬剤を使用した資材で防除に用いられるもの）および、農作物等の生理機能の増進、または抑制に用いられる成長促進剤、発芽抑制剤その他の薬剤をいう。これに、防除のために利用される天敵や微生物剤（生物農薬）も含まれる。

2024年3月15日現在、登録農薬は4083件。その内訳は、殺虫剤が1012件（有効成分１８２種類）、殺菌剤が８６０件（同１６３種類）、殺虫殺菌剤が３３１件、除草剤が１５６２件（同１４７種類）、植物成長調整剤が99件（同43種類）、農薬肥料63件、殺鼠剤22件（同４種類）、殺菌植調剤３件、その他１３１件である。

殺虫剤には、農薬以外にも、ハエ、カ、ゴキブリなどの感染症に関連する衛生害虫に対して用いる防疫用殺虫剤があり、管轄は厚生労働省である（２０２４年３月現在）。日本の市場に出回る防疫用殺虫剤は、医薬品医療機器等法（薬機法）の承認、許可を得た医薬品および医薬部外品である。ヒトの急性中毒防止の観点から、容器や包装のラベルに「医薬用外毒物」「医薬用外劇物」の表記のないもの（普通物）のみが市販されるが、過去に農薬として使用されたものが含まれる。

毒物及び劇物取締法（毒劇法）では、化学物質は急性毒性（半数致死量、または半数致死濃度）により、特定毒物、毒物、劇物、普通物に分類され、製造・販売・使用等を取り締まる。農薬製品の多くが毒物、劇物に指定されているが、ネオニコチノイドの中でジノテフランのみが普通物で、防疫用殺虫剤としても使用が認可されている。

時代遅れな農薬登録資料

農薬登録には、ドシエと呼ばれる、その農薬の適用作物への薬効および薬害、哺乳類および生態系内の動植物への毒性、作物・水質・土壌への残留性に関する試験成績を記載した書類一式が必要である。メーカーまたは輸入販売業者は、ドシエに加え、農薬の見本、農薬製剤の物理化学的性状、処方、製造方法、経時安定性等を記載した文書をそろえて、独立行政法人農林水産消費安全技術センター経由で農林水産大臣に申請する。

ドシエにおいて、どのような試験を行うかは、2005年につくられたOECD（Organisation for Economic Co-operation and Development, 経済協力開発機構）のガイドラインをもとに、各加盟国が独自に定めている。日本のドシエの内容が、他の先進国と比べて特に詳しいということはない。慢性神経毒性や発達神経毒性の評価については、2005年以降の実験方法の急速な進歩にもかかわらず、OECDのガイドラインは、多額の費用と動物の犠牲を伴う動物実験主体の方法のまま改訂が遅れていた。2023年に、ようやく発達神経毒性について17種類の試験管内試験（全成分分析、細胞を用いた実験、組織を用いた実験など）を網羅的に行い評価する方法が提案された。この方法で異常が認められなくても発達神経毒性がないとは限らないが、これから行う各ネオニコチノイドについて、どのような結果となるのか注目される。

抜け穴だらけの基準値設定

農薬登録申請後の一連の審査には、農林水産省、厚生労働省、環境省、内閣府食品安全委員会、消費者庁がかかわる。登録のポイントとなる実験結果は以下の3点である。

①土壌への残留性

土壌中に長期残留し、農作物に移行するものは農薬として登録できない。また、農薬を使用したあとに土壌中の濃度が半分になるのにかかる時間が180日以上のものも登録されない。このことを確かめるためにさまざまな種類の土壌および条件で実験する。

②生態系影響

魚類（コイ）が96時間で半分が死んでしまう濃度、甲殻類（オオミジンコとユスリカ）が48時間で半数が動かなくなる濃度、藻類（淡水緑藻）が72時間で成長が半分になる濃度をもとに、水産動植物に問題がないと思われる濃度を算出する。

③ヒトへの健康影響

すべての毒性試験において毒性がみられなかった最大量（無毒性量ＮＯＡＥＬ）を求め、その１００分の1を、毎日一生食べ続けても健康に悪影響が出ない量として一日摂取許容量（ＡＤＩ）を推定する。ヒトで実験することはできないので、同じ哺乳類の齧歯類（ネズミ）やウサギに加えて、イヌなども用いることがある。農薬が環境中、または生体内で分解して生じる分解産物の毒性が強い場合には、分解産物についてもＡＤＩの設定を検討することになっている。

1回だけ投与したあと24時間以内に何の毒性も検知できない最大量を求め、通常、その１００分の1の量を、ヒトが経口摂取したあと24時間、またはそれより短い時間内に健康に悪影響が生じない量として、急性中毒基準量（ＡＲｆＤ）を推定する。ここで、農薬を投与された実験動物に気分の善し悪しを聞くわけにはいかないので、ヒトが検知できない毒性は無視している。

では、毒性がみられなかった最大量の「１００分の1」の１００とは何か。それは、毒性には種および個体によって、それぞれ10倍程度のばらつきがあるとする仮定にもとづく。つまり、種差が1〜10、個体差が1〜10あるとして、その最大の種差10と個体差10を掛け合わせた１００である。

振り返ってみれば、低濃度持続暴露によって中毒症状が発現したと推定される事例が多数ある。1日の摂取量がADI以下であっても、一生涯毎日暴露しても安全とは、とてもいえない。

かなり無理筋な残留基準値の設定

さらに、メーカーの指定する農薬使用基準(何に、いつ、どのくらい撒くことで効果が期待できるのか)にもとづき、実際にさまざまな作物を栽培した場合に、①・②・③をクリアできるかが検討される。

②生態系影響については、農薬の成分物質が、公共用水域における環境中で、水産動植物に被害が出ると予測される濃度(水産PEC)と、水質汚濁にかかる環境中予測濃度(水濁PEC、すなわち、飲料水として人畜に影響が出る懸念が生じる濃度)が算出される。実際に農薬の使用が開始されて、環境水中の水産PECや水濁PECを上回るようになると、農薬としての登録が保留され、一時的に使用ができなくなるという意味で、この2つの値は登録保留基準と連動している。

水産PECの設定にあたり、たった2種類の水生動物の48時間半数効果濃度と、1種類の水生植物の72時間成長阻害濃度によって、生態系のすべての生き物への影響の予測が可能かどうか、という本質的な疑問点は以前から指摘されている。第2章で述べたとおり、ネオニコチノイドの場合、投与直後から48時間生存しても、次の48時間に生存しているという保証はない。48時間生存できる濃度の100分の1の濃度でも、次の48時間に死んでしまうという可能性が大いにある。さらに、48時間経てば1万分の1の濃度でも死んでしまうかもしれない。

ネオニコチノイドに関して、環境中濃度が水産PEC以下であるからといって、それがその後5年、10年の生態系の安全を保証するものとは、とてもいえない。

③ヒトの健康影響については、飲料水と食品からの一日摂取量が、ADIとARfDを上回らないことを確認する。飲料水からの摂取量は、水濁PECから推定する。食品からの摂取量については、各作物における残留濃度（通常、1作物2検体程度）から、国民平均に加えて幼小児（1～6歳）、妊婦、高齢者（65歳以上）について、食事内容の違いを考慮して計算しそれぞれ推定する。

最終的に、メーカーの指定する農薬使用基準に従って使用した場合の結果をもとに、どの作物について使用してよいかを決め、使用可能な各作物について、残留基準値を設定する。残留濃度が残留基準値を超えた作物は出荷できない。そのため、残留基準値は、ある程度の余裕をもった高い値に設定される。

日本のように南北に幅広い国土を有し、同じ作物でも生育条件が大きく異なる国では、ある地域で妥当な使用量が、別の地域では過剰となることがありうる。しかし、その差は登録の際に農薬使用基準として考慮されない。

物議をかもした残留基準値の引き上げ

農薬使用基準に従って使っているうちに、思ったほどの効果が得られなくなることがある。その場合、農薬登録後に農薬メーカー側から、使用基準とともに残留基準値の引き上げが申請されることがある。その数値が、農薬登録がなされていない農薬について設定されるデフォルトの数

表2　各食品の残留基準値(ppm．2024年6月現在)

	ジノテフラン	イミダクロプリド	クロチアニジン	チアメトキサム	アセタミプリド
コメ	2	1	1	0.3	0.01
カブ	0.5	0.4	0.5	0.5	0.1
カブの葉	6	3	40	10	5
ホウレンソウ	15	15	40	10	3
コマツナ	10	5	10	5	5
ネギ	15	0.7	1	2	5
トマト	2	2	3	2	2
サトイモ	0.01	0.4	0.2	0.3	0.2
イチゴ	2	0.4	0.7	2	3
茶	25	10	50	20	30

値0・01ppmと比べて異常に高く、世間の耳目を集めている。たとえば、ホウレンソウの残留基準値は2024年時点で、クロチアニジン40ppm、ジノテフラン15ppm、イミダクロプリド15ppm、チアメトキサム10ppm、アセタミプリド3ppmである(表2)。これらデフォルト数値の300〜4000倍という高い値が申請されたのは、害虫に抵抗性がついたためと考えられる。使用すること自体が不経済で、環境汚染を招くだけなのだが、それでも承認されたのは、食品安全委員会の面々に、ネオニコチノイドの生態系影響について無頓着な人が多かったからかもしれない。

出来レースの再評価

農薬登録の有効期限は3年間で、更新には新規登録時と同様の試験を行い、その成績を提出して再評価を受ける。新しい検査方法の開発により、登録時に見出した値よりさらに低い値で毒性が発現することが確認されても、それが反映されたドシエの改訂がない限り、再登録の妨げになることは少ない。

一方で、農薬メーカーが再登録をしないこともある。過去の事例をたどると、より収益の見込める代替品の開発に成功したか、被害が徐々に明らかになって、放置すれば巨額の補償が課せられるリスクが生じたと判断したため、再登録を見合わせたと考えられる例が大半である。

影響調査の義務がない

農林水産省、厚生労働省、環境省は、それぞれの法の趣旨にもとづき、登録後の残留値モニタリングを小規模に行い、結果を公表している。医薬品や工場で使用される化学物質では、使用開始後に初めて明らかになる、生態系やヒトの健康影響に関する市販後の調査がメーカーと使用者に義務づけられているが、農薬に関してはこの義務づけがない。

そもそも農薬登録時のドシエには、農薬の使用による生態系の汚染（どこでどのような濃度になっているのか）やヒトの汚染（一般市民がどの程度残留農薬を摂取し、体内濃度がどの程度であるか）について、どのような検体を用い、どのような方法でモニタリングするのが妥当かの記述は求められていない。国が実態調査を実施しようにも、方法そのものがわからないので、まず調査方法を決めるため、長い年月と多額の税金を使って基礎実験からやることになる。

たとえば、ヒトのネオニコチノイド暴露を尿の濃度によって調べるとして、いつ、どのようなタイミングで検体を採取すると暴露の多寡が推定できるのかについて、公衆衛生学的に明らかにしようとする論文が初めて出版されたのは２０２０年、アメリカにおいてのことである。19人のボランティアの尿を44日間にわたって調べたところ、１回だけの尿検査では暴露があったことはわかるが、暴露の多寡はわからないという結論だった。[57]

金と手間がかかることを、行政は法的根拠がない限り行えない。汚染を疑った市井の研究者がほとんど爪に火を灯すような思いでデータを集め、さらに民間の研究資金を調達し、学会発表を積み重ね、学術論文にして、初めて国が重い腰を上げるという現状がある。

外部による安全性の検証は困難

新規有効成分について、ドシエを作成するための試験は、認証を受けた中立な外部検査機関に委託することになっている。そこに行き着くための候補物質の検討を含めると、メーカーが１つの農薬の開発に要する費用は数百億円ともいわれる。初回登録後、特許期間終了までの20年間に、製造法が盗まれるのを防ぐためとして、試験結果の詳細を非公開とすることが容認されている。しかし、特許期間が終了しても、全開示はされないことが多い。

また、実際に使い始めて民間の研究者がその安全性に疑いをもち、実験しようと思っても、その農薬や分解産物の標準品は、非常に高価（１００mg１万円など）ないしは入手困難である。研究用に安価に入手できる体制は重要である。

農薬の毒性は、使い始めて初めてわかることも少なくない。今の子どもは、胎内で多種の有害な化学物質暴露を受けていることが明らかにされている。その多くは使用禁止、あるいは大幅な規制がすでになされている残留性有機汚染物質（ＰＯＰｓ）や内分泌撹乱物質である。たとえば、欧米における有機塩素化合物、ＰＣＢ（ポリ塩化ビフェニル）、有機フッ素化合物の、新生児臍帯血（さいたいけつ）からの検出率は90～１００％であるし、フタル酸エステル類の新生児尿中検出率も90～１００％

である。[58] 日本の一般人の血液からの検出も同等である。[59] いずれも残念ながら、今後数十年以上、おそらく数百年間は環境中からなくならないもので、いまだに回収・分解技術は確立されていない。そこに現実に子どもの神経発達に悪影響をもたらしうることがわかった農薬をわざわざつくり、高い残留基準値を設定して使い続けることに、どれほどの倫理的妥当性があるのだろうか。

第6章　これからどうする?――脱ネオニコチノイド戦略

ネオニコチノイドをはじめとして、日本では農業での農薬使用に起因する環境汚染は、事実上、野放し状態である。農薬登録時には、環境中で速やかに分解されると報告された農薬の数々が毎年、それなりの濃度で環境中から多種類検出されている。ヒトへの汚染もどんどん広がっている。農薬による環境汚染の元凶としての、農業における農薬への依存を解消するには、どんな方法が考えられるだろうか。

水田における農薬使用の見直し

コメは国内自給率が高く、カロリーベースでも最重要の食糧で、作付面積が広い。水溶性農薬の水田での使用では、土壌に吸収されることによる拡散防止が期待できない。田んぼの水(田面水)を河川に流せば、そのまま河川の農薬汚染につながる。地下水の汚染も報告されている。飲料水の多くを河川水と地下水に求めている日本において、水田での水溶性農薬の多用は、飲料水汚染の危険と常に隣り合わせである。

コメづくりに水溶性農薬を使うことが、本当に農家および、国全体の利益にかなっているのか、試算してみるとどうなるだろう。農薬購入費用に加え、汚染された水道水を浄化するコスト、水中プランクトンへの影響による漁業収量の低下、出生数の低下、発達障害の増加、農家が環境破壊に加担しているという社会的非難も含めることになる。確かにネオニコチノイドを使用すると、真っ白なコメができて少し高く売れる。しかし、そのわずかな価格差よりもはるかに大きな犠牲を、栽培地の生態系と住民に強いていることに向き合わざるを得ない事態となっている。

水田への水溶性農薬使用による河川水および地下水汚染を防ぐには、①水田では水溶性農薬は使用しない、②農薬を使用した田面水は活性炭処理して農薬を除去してから河川に流す、のいずれしかないことになる。活性炭処理のコストの高さを勘案すると、事実上①の道しかない。

一方、農薬を使わずにコメを収穫する方法は、ほぼ確立されている。コメづくりにおける脱ネオニコチノイド、あるいは有機農業化には、得るものが大きいと考えられる。

有機農業と学校給食

農林水産省は２０２１年に「みどりの食料システム戦略」を打ち出し、有機農業の奨励を表明した。

しかし、日本では兼業農家の増加と高齢化、ネオニコチノイドの予防的使用を組み込んだ統合的病害虫管理を背景として、ネオニコチノイドの年間出荷量は、高どまりしたまま横ばい状態が続き、有機農産物の出荷量は全体の１％に満たない。ネオニコチノイドのみならず、他の化学合成農薬をなるべく使わないことで、生態系の機能を損なわないようにする有機農業は、作物の残留農薬を減らし、生産者の暴露を低減させ、生態系の持続可能性を維持し、一般人の健康増進にも寄与する可能性がある。

日本の農産物は、有機栽培と特別栽培、慣行栽培に分かれる。有機農産物は、ＪＡＳ規格により播種または植付け前2年以上、化学的に合成された肥料および農薬の使用を避けることになっている。そのため、ネオニコチノイドを含む化学合成農薬の残留濃度は低いと考えられる。

一方、特別栽培農産物は、生産された地域の慣行レベル（節減対象農薬と化学肥料について各地域で慣行的な使用状況）に比べて、節減対象農薬の使用回数が50％以下、化学肥料の窒素成分量が50％以下で栽培されたものである。農薬については施用回数のみの制限であって、使用の多寡を表示するものではない。一般的に、ネオニコチノイド系殺虫剤は、施用回数が有機リン系殺虫剤やカーバメート系殺虫剤より少ないので、むしろ特別栽培農産物に積極的に使われている。

有機農産物では化学合成肥料の使用も忌避される。しかし、化学合成肥料の使用の有無は、殺虫剤による健康影響とは関連しない。そこで、化学合成肥料は使いながら、栽培時にネオニコチノイドを使わなかった農産物に「ネオニコフリー（ネオニコチノイド不使用）」と表示して安全性をアピールする生産者もいる。本来の7種類のネオニコチノイド以外のネオニコチノイド類似物質を含めて不使用であれば、意義のある生産活動ということができる。しかし、なかには本来の7種類のネオニコチノイドと同等の毒性をもつ広義のネオニコチノイド（スルホキサフロル、フルピラジフロン、トリフルメゾピリム、フルピリミン。表1参照）を使用した農産物を「ネオニコフリー」と表示する業者もある。公的な認証制度のないことによる弊害といえる。

一方、選別農法といって、どうしても必要があるときには指定の殺虫剤（分解が早く残留しにくい一部のカーバメート系、ピレスロイド系)を用いるが、それ以外の殺虫剤は一切使わない生産者もある。

現状で、すでにネオニコチノイドの残留基準値が高い作物、たとえばホウレンソウ、コマツナ、カブの葉について、積極的に有機農産物の生産を増やしていくのが有効かもしれない。茶葉については、海外ではすでに有機栽培が主流である。ネオニコチノイドを大量に使用した茶葉は輸出において競争力に乏しいので、有機栽培を推進する意義は大きい。

温室栽培や工場での栽培においても、比較的害虫のコントロールがしやすいため、脱ネオニコチノイドの取り組みが広がっている。日本より高温多湿な東南アジア諸国でも、コメの有機栽培に成功した事例が示されている。

有機農産物生産に取り組む場合、最初から慣行栽培なみの形の整った作物をつくることは難しいかもしれない。その受け皿として、義務教育における学校給食に有機農産物を用いる取り組みが全国で始まっている。子どものネオニコチノイド暴露を減らす手段として有用かもしれない。

農薬メーカー・農薬販売業者・農家対策

ネオニコチノイドの製造・使用による物質の移動の流れをみると、農薬を製造し販売する人、農薬を使用して農産物を販売する人は、いずれもそのことで利益を得ている(表3)。農薬を使い、たくさんつくって売れば売るほど利益が上がり、高く売れるのであれば、農薬の使用を減らす動機づけは難しい。大量かつ持続的に使用することで、確実に弊害が出るとわかっている物質の生

表3　ネオニコチノイドの環境中の移動

行為	行為者	行為の目的	結果
製造	農薬メーカー	利益	事業継続
販売	農薬販売業者	利益	事業継続
使用	農家	農作業の効率化	農家の暴露・環境汚染
排水	農家	中干し・水耕栽培	環境汚染
販売	農家	利益	事業継続
摂取	消費者	生命維持	消費者の暴露・環境汚染

産・販売・使用を減らすには、どのような方法が有効だろうか。

それには、タバコの規制で行われた枠組みが参考になる。日本では、どのような殺虫剤をどのくらい使って農業を営むかは最終的には農家の裁量による。そのため、まずネオニコチノイド製品の値上げが有効かもしれない。高価であれば、なるべく使わないというインセンティブが働く。農薬メーカーには、少なく売って利益を確保できる枠組みをつくり、あわせて販売を促進する行為を禁止する。

ネオニコチノイドの出荷量の上限を、あらかじめ設定し、農薬メーカー間での生産量の調整を国が命令するという方法もありうる。

また、一種の農業保険の仕組みをつくれば、予防的な使用を減らすことが可能かもしれない。実際にイタリアのヴェネト州で行われている方法だ。農家から農薬の代金に支払う程度の金額を、栽培シーズン前に保険の掛金として集めておく。栽培開始後の殺虫剤使用は、どうしても必要な場合のみに限り、もし大きな被害が出た場合には、保険金から補償を受けることができるよう決めておく。この試みを数年間続けた結果、実際に殺虫剤使用が必要となった回数は少なく、農家から集めた資金の多くが農家に還付されて、農家の収入は増加した(6)。

リスクコミュニケーション

化学物質行政にはリスクコミュニケーションというジャンルがある。化学物質への公衆の過度の警戒感を払拭するのが目的の施策である。そこに巧妙に入りこむ形で最近、農薬メーカーが出資した団体が、農薬の安全性をアピールする活動が、特にインターネット上で盛んである。ところが多くは科学的根拠に乏しい内容で、明らかに虚偽である記載もあり、むしろ農薬メーカーへの信頼を損なう結果となっている。

ネオニコチノイド問題を取り扱った報道番組（ＴＢＳ報道特集「ネオニコ系農薬　人への影響は」）が２０２１年11月６日に放映された。番組の取材を受けた研究者は、それぞれ世界の一流誌に論文が掲載され、世界的に反響を呼んだ研究を紹介した。ところが、それに対する農薬工業会のコメントは、元の論文すら読んでいないと思われるレベルの内容だった。公然侮辱とも受け取れるコメントに、それぞれの研究者らは妥当な反論を行ったが、それに対する反論はなかった。

農薬は生物に作用のある化学物質で、農薬メーカーは農薬による健康被害が生じても、通常、製薬会社なら行う常識的な対応、たとえば被害の実態についての調査や報告はしない。やったことがないからできないというのが、本当のところかもしれない。医薬品と同様に、健康被害についての系統的な対応と予防のための措置が、着実になされることが望まれるが、現状では農薬メーカーによる自主的な取り組みは不可能なようにみえる。

農薬登録の見直し

２０１８年に施行された改正農薬取締法では、すべての農薬において定期的に最新の科学的知見にもとづき安全性などの再評価を行う仕組みが導入された。ネオニコチノイドについても、再評価がなされている最中である。ところが、そのための資料となる科学論文収集が、農薬メーカーに任せられている。このようなことは世界的にも類をみず、案の定、農薬の毒性評価のための論文のうち、哺乳類への毒性に関する重要な論文のいくつかが、農薬メーカーによってあらかじめリストから排除されていることを、毒性学者が指摘している。

前に述べたとおり、農薬メーカーに、殺虫剤の哺乳類への毒性に関する論文を、専門知識をもって科学的に冷静に評価できる人材がいないらしいことが、図らずも農薬メーカーに所属する研究者の論文や、業界団体である農薬工業会の粗雑なコメントにより露呈した。虫を殺す物質をひたすら研究しているがゆえに、哺乳類、特にヒトは専門外なのだ。農薬のヒトへの安全性を誰が担保するのかといえば、誰も担保していないという、日本の現状が明らかになったともいえる。

一方、ＪＡ佐渡ではトキの餌となる田んぼの昆虫類の生息を維持するため、２０１２年に水田のネオニコチノイド使用をやめた。すると、田んぼに昆虫が復活し、トキの飛来が増えた。

今後、各ネオニコチノイドについて、国がどのような施策を行うのかは、予断をゆるさないが、現実に使用しているのは農業者である。少なくともネオニコチノイドは安全安心の農薬ではなく、使い続ければ日本の生態系そしてヒトに悪影響を与えることは、ほぼ確実である。今まで多くの農業者が、使わない工夫を重ね、その輪は少しずつ広がりつつある。

おわりに

ある科学者のつくり出した並外れたパワーをもつ物質を、多国籍企業が金儲けのために大量に売り捌いた。それが時限爆弾のように生態系を破壊することに別の科学者がすぐに気づいたが、行政や農業協同組合はとりあわなかった。ほぼ同時期に無名の医師たちがその健康影響に気づき、多くの草の根の支援を集めながら研究を実施し、世界的に研究の輪を広げ、ついに1冊の本を著した。すでに水系汚染は進み、魚はいなくなり、虫も鳥も飛ばない。しかし、農業協同組合が思い切ってその物質を使用禁止にしたいくつかの田園地帯では、魚が豊富に生息し鳥が舞い、赤とんぼが飛び交い、カエルの鳴き声が聞こえる。そこでとれたコメは都会で大人気だ。

このどこかで聞いたことがあるような物語の続きがどうなるかはまだわからないのだが、無名の医師の一人である私が研究に取り組むことになったきっかけは2つ。1つは、この中毒によりそれまで元気に暮らしていた人がある日突然、絶不調となって人生の歯車を狂わされるという理不尽さに、かっとなったこと、もう1つは、医学部在学中に講義と実習で受けた教えである。教科書の記述は全部疑ってかかれ、先入観を排してまず観察せよ、しかし見る目がなければあるものも見えない、こういうものがあるという知識をもって見ていくとある日見えるようになるものがあるのだ、ユニークな末広がりになる研究ほど最初は評価されないのが普通であるから気にするな、君たちの先生は患者さんだ、患者さんの話をよく聞きよく診て自分の頭で考えることが大事だ、と繰り返し厳しく指導された。それがかなり特殊な教育であったことに気づいたのは、卒業後に上京し就職してからである。

そこでいざ研究を始めてみると、この物質の実像にせまるためには、ありとあらゆる現代医学の最先端を参照する必要があることに気づいた。ありがたいことに、学生時代には思いもよらなかった、自宅に居ながらにして世界中の文献にネットでアクセスできる時代になっていた。すべてはどこかでつながっている。多角的に見ていくことで真の姿がおぼろげながら浮き上がってきた。多臓器に作用がおよぶことから、症状から遡ると多種類の病理が隠れていて、過去の症例の記述を見直すといまだに新たな発見がある。たとえば、ヒトの脳は複雑でニコチン受容体はその要所要所に存在する。ネオニコチノイド中毒患者は激しい頭痛を訴えることがあるが、最近ようやく解明されつつある片頭痛の発症メカニズムに従えば、ヒトのニコチン受容体の変調をもたらす物質により頭痛の発作がおきるのは必然のようだ。臨床医が研究に携わることの醍醐味といえる。

科学者は図らずも並外れたパワーをもつものをこの世に送り出してしまうことがある。原子力、ＰＣＢ、有機塩素、有機フッ素、そしてネオニコチノイド。その性能の素晴らしさから市場に歓迎され、利益を生み出すのは必然なのだが、その制御は結構難しい。少なくともそれによって利益を得ている人に自制を促すことは不可能に近い。それほどお金には魔力がある。そこにあえて争おうとする私を折りにふれて励ましてくれたのは、義母昭子と実母茂子である。ブレたらだめよ、自分の信じる道を行きなさい、と。おかげで今日の日を迎えることができたのだが、二人には口が裂けても言えなかったのが、中途半端にやると消されるよ、とたくさんの人からことあるごとに忠告を受けていたことである。そういえば、この研究分野で競争相手が極端に少なかったのは、これがヤバネタだという認識が医師や研究者そしてマスコミの間で広く共有され、そのために問題が無言のうちに先送りされ続けてきたことによるのかもしれない。取り組む人がいない分野は捨て置かれるのだ。だから、せめて科学的な記述、すなわち査読を通った学術論文の内容は公平に評価していただきたいし、化学物質を規制する側は科学的であってほしいと願っている。

そのような状況下で研究開始時から指導協力してくださったのが、アメリカ在住の藤岡一俊博士である。薬理学者として豊富な知識と経験があり、長年にわたりほぼ毎日のメールのやりとりを通じて基礎からご教示いただいた。また、研究と英文論文執筆に、令夫人ともども強力な支援をいただいた。その彼が、自身も特効薬の開発に取り組んでいた脳腫瘍を発症し、2年前に旅立たれた。ご冥福をお祈りするとともに、この本を捧げる。

著者がこの本を執筆させていただくことになったのは、一般社団法人アクト・ビヨンド・トラスト(https://www.actbeyondtrust.org/)の星川淳代表の働きかけによる。ネオニコチノイドの危険性を社会に訴えるにあたり、基礎となる科学的事実が簡潔かつ正確に記述された本が必要ということで企画された。この本をもとに、ネオニコチノイド問題の本質についての理解が広がり、まだ間に合う(かもしれない)環境汚染物質の使用を減らす動きが加速することを期待している。

2024年8月

平　久美子

(27)　平久美子，他：臨床環境医学 2023; 32: 1-17.
(28)　Hirano T, et al.: *Toxicol Appl Pharmacol* 2024; 484: 116847.
(29)　Ichikawa G, et al.: *PLoS ONE* 2019; 14: e0219208.
(30)　Loser D, et al.: *Arch Toxicol* 2021; 95: 2081-2107.
(31)　Rasoulpour RJ, et al.: *Toxicol Sci* 2012; 127: 522-534.
(32)　Borroni V, et al.: *Membranes (Basel)* 2021; 11: 664.
(33)　Terry AV Jr, et al.: *Pharmacol Res* 2023; 191: 106764.
(34)　Saito H, et al.: *Front Neurosci* 2023; 17: 1239808.
(35)　Namba K, et al.: *Environ Toxicol* 2024; 39: 3944-3955.
(36)　Kagawa N, et al.: *J Appl Toxicol* 2018; 38: 1521-1528.
(37)　Kammoun S, et al.: *Environ Pollut* 2019; 247: 964-972.
(38)　Berheim EH, et al.: *Sci Rep* 2019; 9: 4534.
(39)　Shinya S, et al.: *Environ Toxicol Chem* 2024; 43: 943-951.
(40)　Hladik ML, et al.: *Environ Pollut* 2014; 193: 189-196.
(41)　Kathryn LK, et al.: *Sci Technol Lett* 2017; 4: 168-173.
(42)　Mahai G, et al.: *Water Res* 2021; 189: 116630.
(43)　Kamata M, et al.: *Sci Total Environ* 2020; 744: 140930.
(44)　Craddock HA, et al.: *Environ Health* 2019; 18: 7.
(45)　Ikenaka Y, et al.: *Toxicol Rep* 2018; 5: 744-749.
(46)　Nimako C, et al.: *Toxicol Rep* 2021; 8: 1657-1664.
(47)　Taira K, et al.: *Jpn J Clin Ecol* 2024; 32: 59-76.
(48)　Gao Y, et al.: *Sci Total Environ* 2023; 885: 163898.
(49)　Zhao Y, et al.: *Chemosphere* 2022; 291(Pt 2): 132937.
(50)　Ikenaka Y, et al.: *Environ Toxicol Chem* 2019; 38: 71-79.
(51)　Ueyama J, et al.: *Environ Sci Technol* 2015; 49: 14522-14528.
(52)　Nishihama Y, et al.: *Environ Int* 2023; 181: 108267.
(53)　Vuong AM, et al.: *Chemosphere* 2022; 286(Pt 1): 131642.
(54)　Taira K, et al.: *Sci Rep* 2021; 11: 22484.
(55)　Wang A, et al.: *Sci Total Environ* 2022; 811: 151407.
(56)　Pan D, et al.: *Chemosphere* 2023; 336: 139217.
(57)　Li AJ, et al.: *Environ Int* 2020; 135: 105415.
(58)　Mitro SD, et al.: *Curr Environ Health Rep* 2015; 2: 367-378.
(59)　環境省保健部環境リスク評価室：日本人における化学物質のばく露について 2024. https://www.env.go.jp/content/000229842.pdf(2024.9.17 閲覧)

引用文献

(1) 国立研究開発法人国立環境研究所：化学物質データベース Webkis-Plus.
https://www.nies.go.jp/kisplus/ (2024. 8. 25 閲覧)
(2) 独立行政法人農林水産消費安全技術センター：農薬登録情報ダウンロード，農薬登録基本部. https://www.acis.famic.go.jp/ddata/index.htm (2024. 8. 31 閲覧)
(3) Yamamuro M, et al.: *Science* 2019; 366: 620-623.
(4) 久志冨士男，他：虫がいない鳥がいない——ミツバチの目で見た農薬問題．高文研，2012; 11-16, 74-77.
(5) 浸透性殺虫剤タスクフォース：浸透性殺虫剤の生物多様性と生態系への影響に関する世界的な統合評価書，日本語版初版，ネオニコチノイド研究会監訳.
https://www.actbeyondtrust.org/wp-content/uploads/2015/05/wia_20151206.pdf
(6) 浸透性殺虫剤タスクフォース：浸透性殺虫剤の生物多様性と生態系への影響に関する世界的な統合評価書，更新版，ネオニコチノイド研究会監訳.
https://www.actbeyondtrust.org/wp-content/uploads/2020/03/WIA2JP_ver2.pdf
(7) 平久美子，他：臨床環境 2006; 15: 114-123.
(8) Yamamoto I, et al.: *Neonicotinoid Insecticides and the Nicotinic Acetylcholine Receptor*. Springer-Verlag, 1999; 9-10.
(9) Yamada T, et al.: *Journal Biological Series* 2018; 1: 156-186.
(10) Camp AA, et al.: *Aquat Toxicol* 2016; 178: 49-57.
(11) Ran L, et al.: *Ecotoxicol Environ Saf* 2021; 226: 112809.
(12) Casida JE: *Annu Rev Entomol* 2018; 63: 125-144.
(13) 中野央子：北日本病虫研報 2020; 71: 97-99.
(14) 平久美子：臨床環境 2012; 21: 24-34.
(15) Taira K, et al.: *Environ Toxicol Pharmacol* 2006; 22: 40-45.
(16) 平久美子，他：臨床環境 2006; 15: 114-123.
(17) Taira K, et al.: *Jpn J Clin Ecol* 2009; 18: 19-34.
(18) 平久美子，他：中毒研究 2011; 24: 222-230.
(19) Taira K, et al.: *PLoS ONE* 2013; 8 (11): e80332.
(20) Marfo JT, et al.: *PLoS ONE* 2015; 10 (11): e0142172.
(21) Kimura-Kuroda J, et al.: *PLoS ONE* 2012; 7 (2): e32432.
(22) Yamamoto I, et al.: *J Pesticide Sci* 1995; 20: 33-40.
(23) Sheets LP, et al.: *Crit Rev Toxicol* 2016; 46: 153-190.
(24) Laubscher B, et al.: *Environ Health* 2022; 21 (1): 10.
(25) Ohno S, et al.: *Toxicol Lett* 2020; 322: 32-38.
(26) Nimako C, et al.: *J Chromatogr A* 2021; 1652: 462350.

平 久美子

1957年愛媛県生まれ．神戸大学医学部卒．専門は麻酔科学，臨床環境医学．東京女子医科大学附属足立医療センター非常勤嘱託，ペインクリニック環境医学外来担当．日本麻酔科学会認定医．日本臨床環境医学会理事，同環境アレルギー分科会代表．ネオニコチノイド研究会代表．2001年に環境農薬中毒研究を開始，環境ネオニコチノイド中毒の国際共同研究に携わり，論文多数．「浸透性殺虫剤タスクフォース」公衆衛生ワーキンググループ座長．

ネオニコチノイド　静かな化学物質汚染　　　岩波ブックレット 1102

2024年12月4日　第1刷発行

著　者　平　久美子（たいら くみこ）

発行者　坂本政謙

発行所　株式会社 岩波書店
〒101-8002 東京都千代田区一ツ橋 2-5-5
電話案内 03-5210-4000　営業部 03-5210-4111
https://www.iwanami.co.jp/booklet/

印刷・製本　法令印刷　　装丁　副田高行　　表紙イラスト(ロゴ)　藤原ヒロコ

ISBN 978-4-00-271102-7　　　Printed in Japan

読者の皆さまへ

岩波ブックレットは，タイトル文字や本の背の色で，ジャンルをわけています．

赤系＝子ども，教育など
青系＝医療，福祉，法律など
緑系＝戦争と平和，環境など
紫系＝生き方，エッセイなど
茶系＝政治，経済，歴史など

これからも岩波ブックレットは，時代のトピックを迅速に取り上げ，くわしく，わかりやすく，発信していきます．

◆岩波ブックレットのホームページ◆

岩波書店のホームページでは，岩波書店の在庫書目すべてが「書名」「著者名」などから検索できます．また，岩波ブックレットのホームページには，岩波ブックレットの既刊書目全点一覧のほか，編集部からの「お知らせ」や，旬の書目を紹介する「今の一冊」，「今月の新刊」「来月の新刊予定」など，盛りだくさんの情報を掲載しております．ぜひご覧ください．

▶岩波書店ホームページ　https://www.iwanami.co.jp/ ◀
▶岩波ブックレットホームページ　https://www.iwanami.co.jp/booklet ◀

◆岩波ブックレットのご注文について◆

岩波書店の刊行物は注文制です．お求めの岩波ブックレットが小売書店の店頭にない場合は，書店窓口にてご注文ください．なお岩波書店に直接ご注文くださる場合は，岩波書店ホームページの「オンラインショップ」（小売書店でのお受け取りとご自宅宛発送がお選びいただけます），または岩波書店〈ブックオーダー係〉をご利用ください．「オンラインショップ」，〈ブックオーダー係〉のいずれも，弊社から発送する場合の送料は，1回のご注文につき一律650円をいただきます．さらに「代金引換」を希望される場合は，手数料200円が加わります．

▶岩波書店〈ブックオーダー〉　☎04(2951)5032　FAX 04(2951)5034 ◀

1095
データから読む　都道府県別ジェンダー・ギャップ――あなたのまちの男女平等度は？
共同通信社会部ジェンダー取材班　編

男女平等度の指標で日本は世界最低レベル⁉　原因を足元から探るため、都道府県ごとに政治、行政、教育、経済の四分野を分析し、課題や強みを可視化。データを「ツール」に誰もが生きやすい社会へのヒントを示す。

1094
農業が温暖化を解決する！――農業だからできること
枝廣淳子

農業は温暖化に脆弱な「被害者」である一方で、温室効果ガスを排出する「加害者」でもあるが、これからは救世主にもなりうる！　世界で広がる「環境再生型農業」の取り組みを紹介し、新時代の農業のあり方をともに考える。

1093
選択的夫婦別姓　これからの結婚のために考える、名前の問題
寺原真希子、三浦徹也

あなたは知っていますか？　夫婦で名前を統一しなければならないのは、世界中で日本だけだということを。あなたはどうしますか？　結婚するために自分の名前を失うとしたなら。名前をもつ全ての人へ贈る、「名前と法」の入門書。

1092
現場から考える　国語教育が危ない！――「実用重視」と「読解力」
村上慎一、伊藤氏貴

「ＰＩＳＡ型学力」にも合致した、新たな学習指導要領が「情報検索や実用性の偏重」と批判されてから数年が経ち、現場はどうなったのか。中学、高校、大学で幅広い実地経験をもつ教育者二人が問題提起。

1091
教育ＤＸと変わり始めた学校――激動する公教育の現在地
佐藤明彦

デジタルツール導入に伴う学びの変革は、従来の学校を一変させつつある。公教育と日本社会を変えていく教育ＤＸの可能性について、取材歴二〇年超の教育ジャーナリストが、その変革の現在と展望を描く。

1090
トランスジェンダーと性別変更――これまでとこれから
高井ゆと里　編

生殖不能要件は憲法違反――長く放置されてきた人権侵害を是正するため、「性同一性障害特例法」の改正がいま求められている。私たちに必要な基礎知識を、高井ゆと里、野宮亜紀、立石結夏、谷口洋幸、中塚幹也が解説。